BOTANY

ZHIWU HUAXUE BAOHUXUE

SHIYAN SHIXI ZHIDAO

植物化学保护学
实验实习指导

张永强　肖　伟　主编

西南师范大学 出版社

国家一级出版社 全国百佳图书出版单位

图书在版编目（CIP）数据

植物化学保护学实验实习指导 / 张永强 , 肖伟主编
. -- 重庆 : 西南师范大学出版社 , 2017.7
ISBN 978-7-5621-8853-7

Ⅰ. ①植… Ⅱ. ①张… ②肖… Ⅲ. ①植物保护 – 农
药防治 – 实验 – 高等学校 – 教学参考资料 Ⅳ.
① S481–33

中国版本图书馆 CIP 数据核字 (2017) 第 172857 号

植物化学保护学实验实习指导

张永强　肖　伟　主编

责任编辑：赵　洁
装帧设计：尹　恒
排　　版：重庆大雅数码印刷有限公司·杨建华
出版发行：西南师范大学出版社
　　　　　地址：重庆市北碚区天生路 2 号
　　　　　邮编：400715
印　　刷：重庆市正前方彩色印刷有限公司
开　　本：720 mm×1030 mm　1/16
印　　张：5.75
字　　数：104 千字
版　　次：2017 年 8 月 第 1 版
印　　次：2017 年 8 月 第 1 次印刷
书　　号：ISBN 978-7-5621-8853-7
定　　价：18.00 元

编委会

主　编：张永强　肖　伟

编　委：（按姓氏笔画排序）

　　　　厉　阗　田　亚　肖　伟　张永强

　　　　陈娟妮　樊钰虎　罗金香

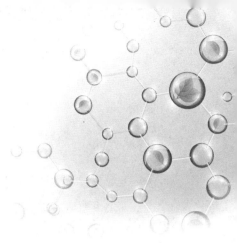

前　言

　　"植物化学保护学实验"是植物保护专业本科生必修课程"植物化学保护学"的实验课部分。"植物化学保护学"是强调实践的一门应用科学,旨在教授学生根据农药、有害生物和环境三者之间的关系科学合理地使用农药,达到经济有效地防控有害生物和保护植物的目的。作为"植物化学保护学"的实验课程,"植物化学保护实验"应立足于应用性和实践性,既要充分保证与"植物化学保护学"课程的理论教学内容有效衔接,又要在实验教学过程中充分调动学生动手动脑和现场操作的积极性,从生产应用的角度切实培养学生的基本技能,为其将来从事植保工作奠定基础。为了实现以上教学目的,编者结合多年的教学工作经验和对植物保护专业应用性及实践性的理解,编写了这本实验教材。

　　本教材共包括 20 个实验,依次与"植物化学保护学"理论教学内容相对应。其中,"实验一　农药剂型的认识和施药方法"、"实验二　施药器械的认识和使用"以及"实验十四　化学农药对农作物的药害评估"3 个实验为本教材的特色部分,其中实验二还根据社会发展介绍了无人机施药技术。编者希望在传统实验安排的基础上,通过以上实验的添加,进一步完善和落实理论教学内容的要点,强调基本技能的培养。同时,为了方便对学生所学技能进行考核,教材中每个实验均列出了简单易行的考核标准,此举既改变了一直以来植物化学保护学实验课程难以进行考核的不利局面,更重要的是有利于教师掌握教学效果,及时完善教学方法。本教材是在强调植物化学保护学应用性、实践性的基础上进行编写的,既可以作为"植物化学保护学"的实验教材,也可以作为植保工作者的参考书。

本教材得到"重庆市本科高校'三特行动计划'特色专业、西南大学首批优势专业建设"项目资助,特此感谢。

本书由西南大学植物保护学院农药学系教师合作编写,由于能力有限,难免有疏漏之处,希望广大读者指正。

编者

2016 年 12 月

目录

植物化学保护学实习 —————————————— 073

植物化学保护学
实验

ZHIWU HUAXUE BAOHUXUE SHIYAN

植物化学保护学实验室守则

一、实验室基本要求

1.参加实验的学生,要遵守学习纪律,按时进入实验室,在指定的桌位上就座,不得迟到早退,不得无故缺席,按时完成实验任务。

2.每次实验前要充分预习实验指导,明确本次实验的目的和要求、原理和方法、内容和作业等,以保证实验顺利进行。

3.实验课前,必须做好实验用具准备和检查工作。

4.实验进行中,严格遵守课堂秩序,不得高声交谈和随意走动,有疑问直接请教老师。实验操作要小心谨慎,认真进行观察,做好实验记录。

5.实验结果记载和绘图,应实事求是,不准任意改动、相互抄袭。实验报告要求用统一的实验报告纸和铅笔完成,要求字迹清楚,绘图规范,按时交报告。

6.爱护实验仪器,节约药品,遇到故障,及时报告老师。如有损坏,应报告登记,按相关规定赔偿。使用解剖镜及其他贵重仪器时要按要求操作。取、放解剖镜时应一手握住镜臂,一手托住底座,使镜体保持直立,防止镜头滑落地面而损坏。借用的仪器用具,用后要清洁干净,按时归还。

7.注意实验安全,使用易燃易爆、有毒有害等药品时要当心。

8.实验完毕应将仪器放回原处,将实验桌整理好,负责清洁的同学把实验室打扫干净,关上水电和门窗,经老师检查后方可离开。

二、实验室安全知识

在实验室中,要经常与毒性强、有腐蚀性、易燃烧和具有爆炸性的化学药品直接接触,要常使用易碎的玻璃和瓷质器皿,以及在煤气、水、电等高温设备的环境下进行紧张而细致的工作。因此,必须十分重视安全工作。

1.进入实验室开始工作前,应了解水阀门及电闸所在位置。

2.使用酒精灯时,应先将酒精灯盖打开,点燃火柴,手执火柴靠近灯口,点燃酒精灯。实验完毕后,用酒精灯盖盖住燃烧的灯芯,待火焰熄灭后,再次打开酒精灯盖,待灯芯彻底熄灭后,盖紧灯盖。用火时,应做到火着人在,人走火灭。

3.进行高压蒸汽灭菌时,严格遵守操作规程。负责灭菌的人员灭菌过程中不得离开灭菌室,灭菌结束注意关闭电源。

4.使用电器设备(如烘箱、恒温水浴锅、离心机、电炉等)时,防止触电;绝不可用湿手或在眼睛旁视时开、关电闸和电器开关。用电笔检查电器设备是否漏电,凡是漏电的仪器,一律不得使用。

5.使用浓酸、浓碱,必须极为小心地操作,防止溅失。用吸管量取这些试剂时,必须使用橡皮球,禁止用口吸取。若不慎溅在实验台或地面上,必须及时用湿抹布擦洗干净。如果触及皮肤,应立即治疗。

6.使用可燃物,特别是易燃物(如乙醚、丙酮、乙醇、苯、金属钠等)时,应特别小心。不应放在靠近火焰处,只有在远离火源或将火焰熄灭后,才可大量倾倒易燃液体。低沸点的有机溶剂不准在火焰上直接加热,只能在水浴上利用回流冷凝管加热或蒸馏。

7.如果不慎倾出了相当量的易燃液体,立即关闭室内所有的火源和电加热器;立即关门,开启小窗及窗户;用毛巾或抹布擦拭洒出的液体,并将液体拧到大的容器中,然后再倒入带塞的玻璃瓶中。

8.易燃和易爆物质的残渣(如金属钠、白磷、火柴头等)不得倒入污物桶或水槽中,应收集在指定的容器内。

9.废液,特别是强酸和强碱不能直接倒在水槽中,应先稀释,然后倒入水槽,再用大量自来水冲洗水槽及下水道。对于可能造成环境污染的物质应装入密封塑料袋中,送到指定的地点集中处理。

10.有毒药品应按实验室的规定办理审批手续后领取,使用时严格操作,用后妥善处理。

三、实验室急救

在实验过程中不慎发生受伤事故,应立即采取适当的急救措施。

1.玻璃割伤及其他机械损伤。首先必须检查伤口内有无玻璃或金属等物的碎片,然后用硼酸溶液洗净,再涂擦碘酒或红汞水,必要时用纱布包扎。若伤口较大或过深而大量出血,应迅速在伤口上部和下部扎紧血管止血,并立即到医院诊治。

2.烫伤。一般用医用酒精消毒后,涂上苦味酸软膏。如果伤处红痛或红肿(一级灼伤),可擦医用橄榄油或用棉花蘸酒精敷盖伤处;若皮肤起泡(二级灼伤),不要弄破水泡,防止感染;若伤处皮肤呈棕色或黑色(三级灼伤),应用干燥而无菌的消毒纱布轻轻包扎好,尽快送医院治疗。

3.灼伤。强碱(如氢氧化钠、氢氧化钾),金属钠、钾等其他碱性化学药品触及皮肤而引起灼伤时,要选用大量自来水冲洗,再用5%的硼酸溶液或2%的乙酸溶液涂洗。强酸、溴、氯、磷或其他酸性化学药品触及皮肤而致灼伤时,应立即用大量自来水冲洗,再以5%的碳酸氢钠溶液或5%的氨水/氢氧化铵溶液洗涤。如酚触及皮肤引起灼伤,可用酒精洗涤。

4.触电时可按下述方法之一切断电路:①关闭电源;②用干木棍使导线与触电者分开;③使触电者和地面分离。急救者必须做好防止触电的安全措施,手和脚必须绝缘。

四、实验室环保守则

植物化学保护学实验需要遵循环保守则,禁止有毒物质外泄,做到严守环保规则,做有环保责任感的合格实验人。实验过程中要遵循以下原则:

1.实验过程中要胆大心细,取用药品和实验期间注意防止滴漏、抛洒,以免对实验室造成污染。

2.实验中产生的各种废物要有专门的收集容器进行分类收集,并定期清理。

3.严格控制废气排放,有毒、刺激性或挥发性物质的处置必须在通风橱内进行。

4.实验中所使用的生物材料严禁带出实验室,如有涉及动物材料,其饲养和实验处理应遵循国家有关规定。

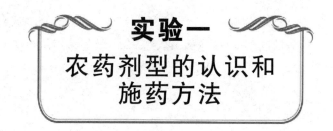

实验一
农药剂型的认识和施药方法

　　农药剂型的种类很多,对于其中常见的剂型,比如可湿性粉剂和乳油,学生相对熟悉,但对于其他很多剂型则只是在课本上或参考资料上了解过,并未接触过实物,因此有必要通过实验课程让学生对尽可能多的农药剂型进行感性认识,并熟悉这些药剂在大田中的适用范围。根据剂型和施药靶标的不同,农药的施药方法也各不相同,通过本实验对常见的施药方法逐一进行学习,从而为今后的农业生产实践奠定基础。

一、实验目的

　　1.掌握农药剂型的常见种类及其使用方法。
　　2.掌握农药用量的计算以及药液的配制方法。
　　3.了解农药新剂型及其使用方法。

二、实验原理

　　农药剂型的种类与其使用方法密切相关,在使用方法之中,药剂用量的计算和药液的配制尤为重要。认识和理解农药剂型,能够掌握剂型的基础知识和相关使用方法。

三、实验内容

(一)农药的商品包装信息

　　以杀虫剂、杀菌剂和除草剂中具有代表性的农药品种,比如敌敌畏、多菌灵和草甘膦等作为展示对象,仔细阅读农药商品外包装上的文字信息,识别信息的种类,包括药剂的商品名称、有效成分名称及含量、剂型、用途、用法、注意事项以及保存方法等。

（二）农药剂型的识别

直观认识以下三类农业生产中常用的农药剂型,观察每一种农药剂型的物理形态特征,了解相应的施药方法。

1.固体制剂:可湿性粉剂、颗粒剂、粉剂、水分散粒剂、烟剂。

2.液体制剂:乳油、水剂、水乳剂、微乳剂、微胶囊剂、悬浮剂。

3.新剂型:引诱剂(昆虫性诱剂)等。

（三）大田中的主要施药方法

1.不同类型作物的常见施药方法。(以课堂讲授为主)

2.不同耕地类型(旱田和水田等)的常见施药方法。(以课堂讲授为主)

3.大田生产中常用施药方法演示。(课堂通过药械现场演示,多媒体辅助展示)

(1)喷雾法:利用喷雾机具将农药药液喷洒成雾滴,分散悬浮在空气中,再降落到农作物或其他处理对象上的施药方法,它是防治农林业有害生物的重要施药方法之一,也可用于防治卫生害虫和消毒等。

(2)喷粉法:利用喷粉机具将农药粉末喷撒成细粉,分散悬浮在空气中,进而降落到农作物或其他处理对象上的施药方法,喷粉法也是防治农林业有害生物的重要施药方法之一。

(3)拌土撒施:将药剂稀释后,均匀拌于一定量的土壤中,然后将带药土均匀撒于田间的施药方法,主要用于防治地下害虫和种子传播的病虫害。

(4)撒滴法:是近年来研究开发成功的一种新施药方法,专用于水田作物,特别是水稻田。目前用撒滴法施药的农药主要是杀虫单和杀虫双,这两种药不易被土壤吸附,而且内吸性很强,很容易被水稻根系所吸收,而后在稻株内向上运行,因此采用这种方法施药取得了很好的效果。但是,并不是任何农药都可以采取撒滴法施药,水溶性差、无内吸性、容易被田泥吸附的农药均不能采取撒滴法。

(5)航空施药:结合直升机或无人机技术,进行大范围空中施药的技术手段。

(6)茎秆注射:利用注射器械把药剂直接注射于作物茎秆的施药方式。

(7)土壤熏蒸:将熏蒸剂放置于密闭条件下的土壤中,利用药剂的挥发性,进而接触有害生物,从而起到防治效果的施药方法。

(8)农药新剂型的使用方法：以昆虫性诱剂为例，按照使用说明首先将诱芯安装在诱捕器上，再将诱捕器悬挂在害虫为害的区域。注意：在地形上，诱捕器应该设置在地势较高的地点，同时在风向方面，应该在上风向位置悬挂诱捕器，从而便于性信息素的散播。

（四）农药使用量的计算

1.农药(产品)的浓度

农药的浓度指的是农药原药(有效成分)在药剂包装质量之中的浓度，该浓度常用质量分数浓度表示，如50%多菌灵可湿性粉剂，表示在100 g制剂质量中，含有50 g多菌灵原药。

2.农药(产品)的田间使用剂量

农药田间使用剂量为厂家推荐的一个数值范围，其单位通常有以下两种表示方法：

(1)以制剂用量表示，单位为"g/亩"，即每亩(1 亩≈667 m²)地使用的农药制剂的克数。

(2)以制剂的稀释倍数表示，比如200 倍液、1000 倍液等，表示单位质量制剂的稀释倍数。

另外，农药的田间使用剂量，有时也用有效成分的用量表示，单位为"g/hm²"，即每公顷地使用的农药有效成分的克数，但此种表示方法在农药标签上使用很少。

3.农药用量的计算和配制

在田间配制药液时，需要根据作物面积计算药剂用量和兑水量(此处以常规喷雾用药为例，若药剂为拌种剂、种衣剂等剂型，则需根据药剂的使用说明，确定拌种用的种子质量)。计算时，首先需要确定药液用量，一般情况下，每亩地的药液用量为50~100 kg，可根据作物类型适当调整。若为蔬菜和粮食作物，一般为50~60 kg，有时也可用40 kg；若为果树，则可以适当增加用量，比如100 kg。根据实际的施药面积即可换算出相应的药液量，然后再根据药剂的推荐使用剂量确定药剂用量和兑水量。

另外，在实验室配制农药药液时，为了更加科学和严谨，常常需要计算药剂的有效成分浓度，单位常为"mg/kg"，表示在每千克药液中有效成分的毫克数。计算时，需要明确该药剂的推荐使用剂量，以及该药剂每亩地的药液量，然后根据欲配制的药液量,计算制剂的用量,最后配制的药液即满足所需的有效成分浓度。

4.兑水方法

当仅使用单剂时,将制剂直接兑水即可。但是当几种农药混用时,并不是每加一种药都加1次水,而是各种药都用同1份水来计算浓度。例如:配制500倍的尿素加1000倍的甲基托布津,是用2份尿素加1份甲基托布津,再加1000份水。另外,兑水时,应先配成母液,即先用少量温水将药液化开,再加水至所需浓度,充分溶解,以提高药效,延缓药害。

四、实验作业

1.列举生产中常用的农药固体制剂和液体制剂各6种,简述每种剂型的适用范围、施药方法和优缺点。

2.任选3种固体或液体制剂,按照其推荐使用剂量,配制1 kg的药液,并计算出该药液有效成分的浓度(单位:mg/kg)。

五、知识要点

1.核心知识:(1)常见农药剂型的种类及其使用方法;(2)农药使用量的计算及药液的配制。

2.相关知识:在农药的推荐使用剂量和给定的药液质量条件下,制剂用量"g/亩"、制剂稀释倍数以及有效成分浓度(mg/kg)之间的换算。

3.拓展知识:按照各类农药的使用说明,正确计算推荐使用剂量下的药剂用量和兑水量。

六、注意事项

个别农药剂型,比如颗粒剂,毒性往往较高,实验操作过程中一定要注意戴手套。另外,鉴于本实验是在室内相对封闭的环境中进行的演示性实验,为避免中毒,均采用自来水代替药液进行操作,切勿将农药注入施药器械中进行喷雾尝试。

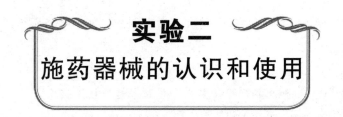

实验二
施药器械的认识和使用

　　不同类型施药器械的工作原理、使用和维护方法往往各不相同,只有正确地选择施药器械才有利于取得理想的化学防控效果,并尽可能地减少对环境的污染。了解施药器械的工作原理、合理选择施药器械、掌握施药器械的正确操作和维护方法是对植物病虫害进行化学防控的前提条件。

一、实验目的

　　1.掌握传统和新型施药器械的类型和使用方法。
　　2.熟悉各类施药器械的工作原理和优缺点。
　　3.了解各类施药器械的日常维护和保养方法。

二、实验原理

　　通过课堂讲授,以认识和简单操作各类施药器械为线索,熟练掌握施药器械的类型和使用方法,进一步熟悉其工作原理和保养与维护方法等。

三、实验内容

(一)施药器械的外观和结构观察(多媒体演示和实机动手拆装)

　　1.观察背负式手动喷雾器、背负式机动喷雾喷粉机和植保喷药无人机的外观和特点。
　　2.拆装背负式手动喷雾器和背负式机动喷雾喷粉机,了解其机体结构,掌握两种施药器械的主要组成和工作原理。
　　3.观察旋翼式植保喷药无人机的机体结构,了解其主要组成和工作原理。(以集体演示为主,不拆装)
　　4.观察不同类型的喷雾器喷头,了解其主要结构和工作原理。

（二）施药器械的功能、使用和维护

1.观察背负式手动喷雾器和背负式机动喷雾喷粉机的漂移喷雾和定向喷雾作业过程,了解其工作流程。

2.观察背负式机动喷雾喷粉机的喷粉作业过程,了解其工作流程。

3.观察植保喷药无人机的超低容量喷雾作业过程,了解其工作流程和施药特点。

4.观察背负式手动喷雾器、背负式机动喷雾喷粉机及植保喷药无人机的保养与维护过程。

四、实验作业

1.列举农业生产中常用的喷雾器械和喷头各 3 种,简述每种施药器械的适用范围、工作原理;简述每种喷头的雾化原理。

2.根据本实验所认识的背负式手动喷雾器和背负式机动喷雾喷粉机结构特点,在表 2-1 的正确位置画"√"。

表 2-1 常用喷药器械的结构特点

机型	动力来源	操作形式	液压来源	气室	工作压力	喷头类型	药雾类型
背负式手动喷雾器	人　力□ 汽油机□	手动□ 自动□	活塞泵 加压□ 气流 加压□	有□ 无□	小□ 大□ 稳　定□ 不稳定□	液力式□ 气力式□	常量 喷雾□ 弥雾□
背负式机动喷雾喷粉机	人　力□ 汽油机□	手动□ 自动□	活塞泵 加压□ 气流 加压□	有□ 无□	小□ 大□ 稳　定□ 不稳定□	液力式□ 气力式□	常量 喷雾□ 弥雾□

3.填写背负式手动喷雾器工作流程图：

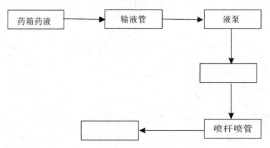

图 2-1　背负式手动喷雾器工作流程图

4.填写背负式机动喷雾喷粉机工作流程图：

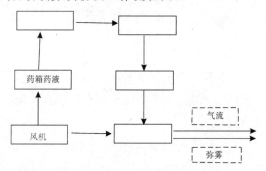

图 2-2　背负式机动喷雾喷粉机工作流程图

五、知识要点

1.核心知识：(1)各类施药器械的类型和使用方法；(2)各类施药器械的工作原理和优缺点。

2.相关知识：各类施药器械的日常维护和保养方法。

六、注意事项

机动式施药器械动力装置转速很高，具有一定的安全风险，无实验老师的现场指导，不能擅自对其进行启动操作。另外，鉴于本实验是在室内相对封闭的环境中进行的演示性实验，为避免中毒，均采用自来水代替药液进行操作，切勿将农药注入施药器械中进行喷雾尝试。

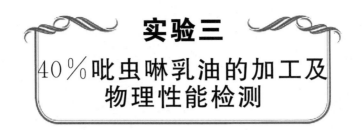

实验三
40%吡虫啉乳油的加工及物理性能检测

乳油（Emulsifiable concentrate，EC）是农药剂型中使用量最大的一类液体制剂，其在农药生产和使用中的比例一直最高，通过实验掌握乳油的加工过程，有助于掌握农药液体剂型的加工过程，并且更容易理解乳油的优缺点。吡虫啉是一种吡啶类杀虫剂，化学名称为 1-(6-氯吡啶-3-吡啶甲基)-N-硝基亚咪唑烷-2-基胺。它具有广谱杀虫活性、内吸性强和持效期长等特点，同时具有胃毒和触杀作用，可防治水稻、小麦、果树、蔬菜等的刺吸式口器害虫，对鞘翅目、双翅目、鳞翅目也有效，是一种广谱、高效、安全的优良杀虫剂。本实验拟加工 40%的吡虫啉乳油，并对其物理性能进行检测，以期对杀虫剂乳油剂型形成直观的认知，掌握其物理性能检测的要点。

一、实验目的

1.掌握乳油的组成及各组分的作用。

2.熟悉乳油的质量评价方法。

3.了解乳油制剂的优缺点及其在目前农药制剂品类中的地位。

二、实验原理

乳油是农药原药（原油或原粉）按比例溶解在有机溶剂（苯、甲苯、二甲苯等）中，加入一定量的农药专用乳化剂和助溶剂配制而成的一种透明均相的油状液体。使用时加水稀释成一定比例的乳状液，成为无数微小油滴均匀分散在水中的乳剂，油滴直径多在 $2\sim5~\mu m$。

乳油的物理性能稳定是指经贮存后，其外观乳化分散性、乳液稳定性等物理性能基本不改变或改变不大，完全能满足使用上的要求。

三、实验材料和仪器设备

（一）供试药剂

90％的吡虫啉原药，二甲苯，乳化剂（0201B），乳化剂 600-2♯，乳化剂 500♯等。

（二）实验器具

1.每小组需要的器具

电子天平 1 台，200 mL 烧杯 5 个，玻璃棒 1 根，200 mL 量筒 1 只，1 mL 移液枪 1 支等。

2.公用设备

恒温水浴锅 6 台。

四、实验方法

（一）乳油的配制

40％吡虫啉乳油的配制：称取 90％吡虫啉原药 4.4 g 放入干燥的 200 mL 的烧杯中，加入 4.8 mL 二甲苯，搅拌使得吡虫啉完全溶解，再加入乳化剂（0201B）5 mL 并不断搅拌，得到油状均相液体，即为 40％吡虫啉乳油。（注意：室温较低时，应将乳化剂加热以便取用）

（二）乳油的质量评价

1.乳油分散情况的观察

将装有 100 mL 标准硬水的烧杯置于 25 ℃恒温水浴锅中，待温度平衡后，用移液枪吸取乳油 1 mL，于离液面 1 cm 高处自由滴下，观察分散性。若乳油在水中迅速地自动分散成乳白色透明液体，则为扩散完全；若呈白色微小油滴下沉，或大粒油滴迅速下沉，搅拌后虽呈乳浊油，但很快又析出油状物并沉淀，则为扩散不完全。

2.乳油稳定性观察

在烧杯中加入 100 mL 标准硬水，不断搅拌，用移液枪吸取制剂 1 mL，于离液面 1 cm 高处自由滴下，加完后，继续以每秒 2～3 转的速度搅拌 30 s，立即将乳液倒入 100 mL 量筒中，并将量筒置于 25 ℃恒温水浴中静置 1 h，如果在量筒中没有制剂沉淀则稳定性合格。

五、实验作业

1.结合课程所学知识，分析影响乳油稳定性的因素。

2.可湿性粉剂与乳油有何不同？哪类农药不适合加工成乳油？

六、知识要点

1.核心知识：(1)乳油的组成及各组分的作用；(2)乳油的质量评价方法。

2.相关知识：乳油制剂的优缺点及其在目前农药制剂品类中的地位。

七、注意事项

乳油加工过程中所使用的有机溶剂和农药原药毒性均较高，实验中产生的废液需集中倒入废液缸，不能在实验室水槽中直接处理。

实验四
10％甲氰菊酯微乳剂的加工及物理性能检测

　　水基性制剂是农药制剂发展的一个重要方向,微乳剂(Micro-emulsion,ME)是一种安全、环保的水基性农药剂型,它在一定程度上减少了传统乳油大量使用有机溶剂带来的环境污染问题。学习微乳剂的加工有助于理解水基性液体制剂加工的特点。

　　甲氰菊酯是一种拟除虫菊酯类杀虫杀螨剂,中等毒性,具有触杀、胃毒和一定的驱避作用,无内吸、熏蒸作用。其属神经毒剂,作用于昆虫的神经系统,使昆虫因过度兴奋或麻痹而死亡。该药杀虫谱广、击倒效果好、持效期长,其最大特点是对多种害虫和多种叶螨同时具有良好的防治效果,特别适合在害虫、害螨并发时使用。

　　微乳剂是由液态农药、表面活性剂、水、稳定剂等组成,属于热力学经时稳定的分散体系。其特点是以水为介质,不含或少含有机溶剂,因而不燃不爆,生产操作、贮运安全,环境污染少,节省大量有机溶剂;农药分散度极高,达微细化程度,农药粒子一般为 $0.01 \sim 0.1\ \mu\mathrm{m}$,外观近似透明或微透明;在水中分散性好,对靶体渗透性强、附着力好。

　　本实验拟加工 10％的甲氰菊酯微乳剂,在实验过程中更加直观地认识微乳剂的特点,掌握其物理性能的检测方法。

一、实验目的

　　1.掌握微乳剂的组成及各组分的作用。

　　2.掌握微乳剂的质量评价方法。

　　3.了解微乳剂和乳油的区别以及微乳剂的应用现状。

二、实验原理

农药原药用合适的溶剂溶解,加入一定量的乳化剂,混合均匀后,加入一定量的水,即为微乳剂。使用时加水稀释成一定比例的乳状液,成为无数微小油滴均匀分散在水中的乳剂,油滴直径多在 $0.01\sim0.1\mu m$。

三、实验材料和仪器设备

(一)供试药剂

95％的甲氰菊酯原药,乳化剂(0201B),20％的溶剂($V_{甲苯}:V_{乙酸乙酯}=3:1$,助溶剂 3％),丙二醇等。

(二)实验器具

1.每小组需要的器具

电子天平 1 台,200 mL 烧杯 5 个,玻璃棒 1 根,200 mL 量筒 1 只,1 mL 移液枪 1 支等。

2.公用设备。

恒温水浴锅 6 台。

四、实验方法

(一)微乳剂的配制

10％甲氰菊酯微乳剂的配制:称取 95％甲氰菊酯原药 1.1 g 放入干燥的 200 mL 烧杯中,加入 4 mL 乳化剂和 2.2 mL 溶剂,均匀地搅拌,搅拌过程中逐渐加入水相,然后高速搅拌得到微乳剂。

(二)质量评价

1.浊点测定

先将微乳剂加热使其变浑浊,记录其变浑浊时的温度。

2.微乳剂稳定性

取 200 mL 自来水,慢慢加入 1 mL 微乳剂样品并不断搅拌,不要碰到烧杯壁。稀释均匀后,立即将乳状液转移至洁净、干燥的量筒中,25 ℃恒温条件下保持 1 h,勿以任何方式扰动量筒或内容物。1 h 后记录乳状液的变化和分离物的体积。

3.冷贮稳定性

微乳剂含有大量水分,为保证安全过冬,需进行冷贮稳定性实验,将适量样品放入冰箱于 0 ℃、−5 ℃、−9 ℃分别贮藏 1 或 2 周后观察,不分层不结晶为合格。

五、实验作业

1.结合课程所学知识,分析影响微乳剂稳定性的因素。

2.微乳剂与乳油之间的相同点和不同点有哪些?

3.微乳剂加工过程中的注意事项有哪些?

六、知识要点

1.核心知识:(1)微乳剂的组成及各组分的作用;(2)微乳剂的质量评价方法。

2.相关知识:微乳剂和乳油的区别以及微乳剂的应用现状。

七、注意事项

微乳剂加工过程中所使用的有机溶剂和农药毒性均较高,实验中产生的废液需集中倒入废液缸,不能在实验室水槽中直接处理。

实验五
昆虫致毒症状的观察

杀虫剂的使用导致害虫中毒死亡，其引起害虫产生的中毒症状与杀虫剂的作用机制密切相关。大多数杀虫剂属于神经毒剂，作用于害虫的神经系统，此类杀虫剂包括有机磷、有机氯、氨基甲酸酯、拟除虫菊酯、沙蚕毒素、氯化烟碱以及阿维菌素类杀虫剂。除了神经毒剂，还有呼吸代谢毒剂以及生长调节剂类杀虫剂。呼吸代谢毒剂的作用机制为干扰或破坏昆虫细胞内的呼吸代谢过程，影响其能量供应。昆虫生长调节剂主要是抑制昆虫表皮的几丁质合成。不同种类的杀虫剂均能致使害虫中毒死亡。了解杀虫剂对害虫的致毒症状，有助于深入了解杀虫剂的作用机制，为在生产实践中合理选用杀虫剂奠定基础。

一、实验目的

1.掌握主要类别杀虫剂导致的昆虫中毒症状。

2.熟悉杀虫剂对昆虫致毒症状和杀虫剂作用机制之间的关系。

3.了解新杀虫剂品种及其可能的致毒症状。

二、实验原理

不同种类的杀虫剂最终都能导致害虫中毒并且死亡，但是害虫的中毒症状是有差异的，而差异的原因就是不同杀虫剂之间作用机制的差异。神经系统毒剂能够干扰害虫神经冲动的正常传导，引起行为紊乱，比如兴奋、痉挛及麻痹等；呼吸毒剂干扰或破坏昆虫细胞内的呼吸代谢过程，影响其能量供应；昆虫生长调节剂则主要是抑制昆虫表皮的几丁质合成，导致昆虫活动减少，身体缩小，不能成功蜕皮或化蛹等。因此，可以通过观察杀虫剂的致毒症状，间接了解杀虫剂的作用机制。

三、实验材料和仪器设备

（一）供试昆虫

桃蛀螟（*Conogethes punctiferalis*）3～5龄幼虫。

（二）供试药剂（原药）

神经毒剂：甲氰菊酯，辛硫磷。
呼吸毒剂：鱼藤酮。
生长调节剂类似物：甲氧虫酰肼。
丙酮作为对照。

（三）实验器具

1.每小组需要的器具

9 cm培养皿5套（每皿置10头幼虫），50 mL烧杯5个，1.5 mL棕色样品瓶5个（带盖子），10 mL微量点滴器5支，毛笔2支，50 mL量筒1只，标签纸15张。

2.公用设备

恒温培养箱1台。

四、实验步骤

（一）配制药液

以丙酮作为溶剂，按照每种药液200 mL的体积进行配制。浓度依次为甲氰菊酯0.2 g/L，辛硫磷0.2 g/L，鱼藤酮0.25 g/L，甲氧虫酰肼0.15 g/L。

（二）处理试虫

以点滴法处理试虫，每种药液处理10头幼虫，以丙酮作对照。以微量点滴器吸取2 μL药液点滴于幼虫前胸背板上。

（三）观察结果

将处理后的试虫放入培养皿内,在滴药后 5 min、10 min、30 min、1 h 及 24 h时,结合解剖镜观察并记录试虫的中毒症状,对于典型症状可拍照记录。症状表现包括兴奋、痉挛、麻痹、吐水、排泄、身体缩小变黑及死亡等。

五、实验作业

描述并分析试虫的中毒症状,结合理论知识,分析药剂对试虫致毒症状与药剂作用机制之间的关系。

六、知识要点

1.核心知识:(1)主要类别的杀虫剂导致的昆虫中毒症状表现;(2)杀虫剂对昆虫致毒症状和杀虫剂作用机制之间的关系。

2.拓展知识:杀虫剂新品种及其可能的致毒症状。

七、注意事项

课前需检索资料,注意从昆虫行为学的角度区分兴奋、痉挛、麻痹等症状的区别与联系,实验过程中避免出现行为误判。

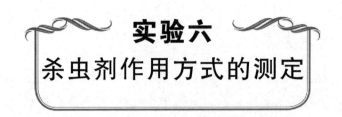

实验六
杀虫剂作用方式的测定

杀虫剂要发挥药效,首先要求其以某种方式进入害虫体内并到达特定的作用部位。杀虫剂进入害虫体内的方式称为杀虫剂的作用方式,包括常规的触杀、胃毒、熏蒸作用,以及考虑到药剂被植物吸收后再进入昆虫体内的内吸作用,该作用实际上也属于一种特殊的胃毒作用。另外杀虫剂的作用方式还有驱避和拒食作用等。了解杀虫剂的作用方式是保证杀虫剂在使用过程中发挥药效的重要前提,也是在生产实践中科学用药的必要基础。

一、实验目的

1.掌握杀虫剂作用方式的类型以及试虫死亡率(击倒率)的计算方法。

2.熟悉杀虫剂作用方式与其使用方法之间的关系。

二、实验原理

多数杀虫剂对昆虫的作用方式为触杀、胃毒和熏蒸作用中的一种或多种,鉴定具体药剂的作用方式,可以有针对性地采用药剂处理,然后通过试虫的死亡(或击倒)情况加以判断。触杀作用可将药剂点滴到昆虫的体壁上进行测试;胃毒作用则可以给试虫饲喂带毒饲料进行测试;熏蒸作用则可以在封闭条件下,利用挥发成气态的药剂,通过呼吸系统进入虫体进行测试。

三、实验材料和仪器设备

(一)供试昆虫

赤拟谷盗(*Tribolium castaneum*)成虫,桃蛀螟 3~4 龄幼虫。

（二）供试药剂

77.5％的敌敌畏乳油,2.5％的溴氰菊酯乳油等。

（三）实验器具

9 cm 培养皿 6 套,罐头瓶 6 个,100 mL 烧杯 4 个,9 cm 滤纸 10 张,毛笔 1 支,16 开白纸 2 张,10～40 μL 定量移液器和 200～1000 μL 定量移液器(每 2 组 1 套,各配 3 个吸头),100 mL 量筒 1 只,15 张标签纸等。

四、实验步骤

（一）药液的配制

将 77.5％的敌敌畏乳油配成 2000 倍的供试溶液,2.5％的溴氰菊酯乳油配成 500 倍的供试溶液。

（二）实验处理 A

用定量移液器分别吸取 0.7 mL 配制的敌敌畏和溴氰菊酯供试溶液,均匀涂在做好标记的滤纸上(注意:滤纸要完全润湿),晾 3 min 备用。将准备好的滤纸药面朝上,平铺在培养皿底(注意扎紧边沿),挑选健康活泼的赤拟谷盗成虫投入培养皿内,每皿 20 头。每种药剂处理重复 3 次,同法以清水处理作为对照,60 min 后观察击倒数,24 h 后统计死亡虫数。

（三）实验处理 B

挑选健康活泼的赤拟谷盗成虫投入干燥的罐头瓶内,每瓶 20 头。用定量移液器分别吸取配制好的敌敌畏药液和溴氰菊酯药液各 0.5 mL,滴在滤纸片上,立即将滤纸片置于罐头瓶内(注意:滤纸的悬挂方式务必保证试虫无法接触滤纸),盖上瓶盖,写上标签。每种药剂处理重复 3 次,同法以清水处理作为对照,60 min 后观察击倒数,24 h 后统计死亡虫数。

（四）实验处理 C

选取一定数量的鲜玉米粒，置于烘箱（45 ℃）内干燥 10 h，取出后置于药液（敌敌畏和溴氰菊酯的供试溶液）中浸泡 5 min，取出晾干，放入培养皿中。然后选取健康活泼的桃蛀螟幼虫，放入培养皿内，每皿 20 头，每种供试药剂重复 3 次，同法以清水处理作为对照，60 min 后观察击倒数，24 h 后统计死亡虫数。

五、实验作业

计算不同处理的击倒率（死亡率）。

$$死亡率（击倒率）（\%）=\frac{死亡（击倒）虫数}{处理试虫总数}\times100\%$$

$$校正死亡率（击倒率）（\%）=\frac{处理死亡率（击倒率）-对照死亡率（击倒率）}{1-对照死亡率（击倒率）}\times100\%$$

根据以上公式并结合课程中所学知识，比较敌敌畏和溴氰菊酯在两种处理条件下对赤拟谷盗成虫的击倒效果，分析原因。结合课本知识，讨论杀虫剂施用方式、作用方式对药效的影响。

六、知识要点

核心知识：(1)杀虫剂作用方式的类型以及试虫死亡率（击倒率）的计算方法；(2)杀虫剂作用方式与其使用方法之间的关系。

七、注意事项

敌敌畏为有机磷类杀虫剂，药剂具有明显的臭味，实验过程中注意做好通风和其他防护措施。

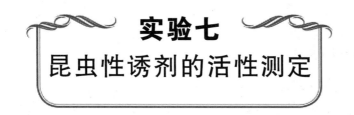

实验七
昆虫性诱剂的活性测定

化学农药是病虫害防治的主要手段。化学杀虫剂在保护农作物、挽回产量损失等方面发挥了巨大作用,但同时也带来了农药残留、环境污染和害虫抗药性等问题。因此,绿色环保的害虫防治手段日益受到重视。性诱剂主要是利用昆虫成虫释放的性信息素引诱异性个体的原理,仿生合成昆虫性信息素化合物,在田间释放后通过干扰雌雄交配,减少受精卵数量的方式,达到控制靶标害虫的目的。近年来,昆虫性诱剂技术作为一种环保、高效的方法在全国各地逐渐应用,成为害虫监测和防治的一个新兴手段。学习昆虫性诱剂的活性测定方法,有助于理解性诱剂的诱虫原理,也有利于对该技术的科学使用。

一、实验目的

1.掌握昆虫性诱剂的诱虫原理及活性测定方法。

2.熟悉昆虫性诱剂的田间使用方法。

3.了解昆虫性诱剂的优缺点。

二、实验原理

性诱剂的核心是仿生合成的昆虫性信息素,该物质能够在极其微量(常低于皮克级)的情况下,远距离引诱昆虫的异性个体。基于该原理,可在实验条件下,测试试虫对性信息素的电生理反应(触角电位实验),也可在风洞中释放性诱剂成分,通过观察对应试虫(常为雄成虫)的行为反应,如起飞、定向飞行、靠近信息素源、用触角敲打性信息素源以及做交配尝试等指标,判断性诱剂的活性。

三、实验材料和仪器设备

（一）供试昆虫

桃蛀螟 2～4 日龄雄成虫,该虫在蛹期已经事先区分雌雄,然后将雄蛹置于单独房间羽化,羽化后提供 15% 的蔗糖水补充营养。

（二）供试药剂

桃蛀螟性诱芯,亚洲玉米螟性诱芯,空白诱芯,自制桃蛀螟性诱芯。

（三）实验器具

圆筒风洞(亚克力透明塑料制成,直径 0.3 m,长 2 m,在下风口安装风机提供风力)、风洞释放笼(金属网自制,直径 6 cm,高 6 cm)、养虫笼、秒表与计数器等。

四、实验步骤

1.实验开始前至少 24 h 时,将试虫(雄虫)移入风洞室内专门的养虫笼中适应环境。并在实验开始前 1 h,将试虫单头移入释放笼中,备用。

2.实验开始时,将实验诱芯悬挂在风洞上风口方向距离风洞末端 15 cm,高于风洞底部 15 cm 的铁钩上,悬挂完毕后立即开启风机,设置风速为 30 cm/s。

3.将装有试虫的释放笼移入风洞内,置于风洞下风口距末端 15 cm,高于风洞底部 15 cm 处的支架上,在随后的 3 min 内,观察雄虫的行为反应,包括起飞率、定向飞行率,以及在距离诱芯 10 cm 空间内的滞空飞行时间和对滤纸(性信息素源)的敲打次数。每个诱芯测试 5 头虫,测试数据记入表格,如表 7-1。

表 7-1　风洞实验数据记录表(可根据需要增加行数)

日期：_____　　　天气：_____

诱芯	试虫编号	试虫行为反应（除敲打诱芯和滞空时间外，其余只记录"是"或"否"）				
		起飞	定向飞行	接近诱芯	敲打诱芯（次）	滞空时间（s）

五、实验作业

　　整理表 7-1 中的原始数据,统计分析各个诱芯在相应行为指标上的反应差异,比较各种诱芯的引诱效果,根据所学知识,分析诱芯之间效果差异的原因。分析结果记入表 7-2。

表 7-2　风洞实验结果分析表

诱芯	试虫行为反应率（%）			试虫在诱芯附近的行为反应	
	起飞	定向飞行	接近诱芯	敲打诱芯（次）	滞空时间（s）
空白诱芯					
亚洲玉米螟性诱剂					
桃蛀螟性诱剂					
自制桃蛀螟性诱剂					

六、知识要点

1.核心知识:(1)昆虫性诱剂的诱虫原理及活性测定方法;(2)昆虫性诱剂的田间使用方法。

2.相关知识:昆虫性诱剂的优缺点。

七、注意事项

由于昆虫对其性信息素具有高度灵敏的反应能力,故极其微量的性信息素也能引发昆虫的反应。因此,为了保证试虫反应的准确性和真实性,务必杜绝信息素的污染。需要保证在雄虫的饲养环境中,没有性信息素气味。另外,在进行风洞试验的过程中,在两次测试的间隙,都需要对风洞进行通风处理(最大风力,至少 3 min),以尽量排空可能的残存气味。

实验八
杀虫剂拒食作用的测定

早在 1937 年 Volksonsly 就指出印楝树含有可以抑制沙漠蝗虫取食的化合物,但这方面的研究一直进展缓慢。近年来,在昆虫取食行为和拒食机理的研究方面取得很大进展,促进了昆虫拒食剂的研究与开发。目前国内外广泛采用的测定拒食活性的方法主要有叶碟法及电信号法,此外,还有体重法、排泄物法等。本实验采用叶碟法进行。

一、实验目的

1.掌握选择性拒食作用和非选择性拒食作用的基本测定方法。
2.了解选择性拒食作用和非选择性拒食作用的区别和联系。

二、实验原理

昆虫的取食过程可分为 4 步:(1)寄主识别和定位;(2)开始取食;(3)持续取食;(4)终止取食。凡是能够影响第(2)或者(3)的物质,均可称为拒食剂。或者一些可影响昆虫的味觉器官,使其厌食或宁可饿死而不再取食,最后因饥饿、失水而逐渐死亡,或因摄取不够营养而不能正常发育的药剂。据此表现出的杀虫活性称为拒食作用。

近年来,有关昆虫拒食剂作用机制的研究表明,拒食剂主要作用于昆虫触角、下颚须或下唇须上的感觉器,干扰了这些感觉器将食物的特性转化为电信号并传入中枢神经系统的能力,导致昆虫不能正常取食。拒食剂具有较好的选择性,一般对天敌没有直接毒杀活性。

三、实验材料和仪器设备

（一）供试昆虫

斜纹夜蛾（*Spodoptera litura*）或菜粉蝶（*Pieris rapae*）幼虫（饲料：芋头叶、芥蓝叶或椰菜叶）。

（二）供试药剂

0.3％的印楝素乳油，丙酮等。

（三）实验器具

培养皿（直径 9 cm）、滤纸（直径 9 cm）、打孔器（直径 20 mm）、计算纸（或叶面积测量器）、昆虫针等。

四、实验方法与步骤

（一）准备工作

在直径 9 cm 的培养皿中铺两层滤纸，加少量水湿润，用打孔器将芥蓝叶（或芋头叶）制成圆形叶片，分别浸于各试样的丙酮药液中 1 s，取出晾干。

（二）选择性拒食作用的测定法

每个培养皿中用 4 支昆虫针穿插过滤纸后分别插上圆叶片，其中对照及处理各 2 块，十字交叉形排列。

（三）非选择性拒食作用测定法

每个培养皿内放入 4 块叶片（均为药剂处理或对照）。供试昆虫经饥饿 3~4 h 后，往每个培养皿中接 1~2 头，任由试虫自由选择取食，每一处理重复 6~8 次。试虫经 24 h 取食后移出培养皿。计算其取食面积。

五、实验作业

1.把计算纸(坐标纸)剪成同供实验叶片面积一样大小,把它套在一个小薄膜袋内作为标尺,用于量度各培养皿中处理及对照叶片被取食掉的叶面积(先数被取食叶碟的方格数,最后换算成面积)。

2.拒食率的计算。

$$拒食率(\%)=\frac{对照组被取食的叶面积-处理组被取食的叶面积}{对照组被取食的叶面积}\times100\%$$

六、知识要点

1.核心知识:(1)能够区分选择性拒食和非选择性拒食的原理和操作方法;(2)能够根据选择性拒食作用和非选择性拒食作用的相关原理解释和分析实验结果。

2.拓展知识:不规则叶面积的测定方法。

七、 注意事项

拒食作用的测定过程中容易发生触杀作用,所以在实验过程中要尽量避免虫体和药剂的直接接触。

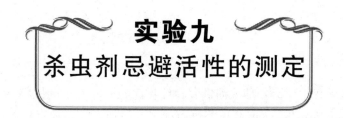

实验九
杀虫剂忌避活性的测定

　　将药剂施用于保护对象表面后,依靠其物理、化学作用(如颜色、气味等)而使害虫避而远之(不愿接近或者发生转移、潜逃现象),从而达到保护寄主植物的目的,这种杀虫剂的作用方式即为忌避活性。比如楝科植物对橘蚜(*Aphis citricidus*)有一定的忌避活性,番茄叶提取物对小菜蛾(*Plutella xylostella*)具有明显的忌避活性。

一、目的要求

　　1.掌握杀虫剂对昆虫及其产卵忌避作用的基本测定方法。
　　2.了解杀虫剂忌避活性的基本原理。

二、实验原理

　　将定量的药剂均匀施于植株叶片上,再接入一定量的目标昆虫,置于正常环境中,定期观察目标昆虫的停留或取食情况。某些昆虫不仅跗节上具有化学感觉器,产卵器上也具有化学感觉器。这些化学感觉器能够感应到植物的次生代谢物,从而调节昆虫的产卵或取食行为。

三、实验材料和仪器设备

（一）供试昆虫

　　桃蚜(*Myzus persicae*),以烟草为寄主长期饲养的实验室种群;小菜蛾,饲喂新鲜的小白菜叶。

（二）供试药剂

　　0.3%的印楝素乳油,丙酮等。

（三）主要器材

剪刀，试管架，培养皿，琼脂糖，脱脂棉，透明塑料杯（底部装有筛网）等。

四、实验步骤

（一）选择性产卵忌避活性的测定

将小白菜叶片裁成圆形（直径 10 mm），把叶碟在配制好的溶液（浓度为 1.0 mg/mL）中浸渍 5 s，取出待溶剂自然挥发。对照叶在相应量的丙酮加超纯水中浸渍 2 s，自然晾干。

将 2 枚处理叶和 2 枚对照叶交叉排列放入盛有刚凝固的琼脂糖培养皿中，玻璃皿倒扣盖在底部放有蘸过 10% 蜂蜜水脱脂棉球的透明塑料杯上，杯底部封以筛网，可透气透水。处理叶和对照叶均为 1 枚正面朝上，1 枚背面朝上。然后接入 3～5 对新近羽化的小菜蛾成虫，置于 25 ℃室内，实验设置 3 个重复。处理后分别于 24 h 和 48 h 时，记录各叶碟上的落卵量。

选择性产卵忌避率的计算公式：

$$选择性产卵忌避率(\%)=\frac{对照组落卵量-处理组落卵量}{对照组落卵量+处理组落卵量}\times100\%$$

（二）非选择性产卵忌避活性的测定

实验时，将植物精油用丙酮稀释到浓度为 40 mg/mL，以丙酮为空白对照。用毛笔将处理液涂到芥蓝苗各叶片的正反面晾干，每个处理重复 3 次。然后将放有试管的试管架放入养虫笼内，将小菜蛾雌雄配对后放 25 对刚羽化成虫于养虫笼内。笼内吊有蘸过 10% 蜂蜜水的棉球，每次处理 3 盆，分别于 24 h 和 48 h 时观察叶片上的卵数。

非选择性产卵忌避率的计算公式：

$$非选择性产卵忌避率(\%)=\frac{对照组卵数-处理组卵数}{对照组卵数}\times100\%$$

（三）选择性忌避活性测定——半叶法

将小白菜叶片保留中脉，以中脉为直径裁成圆形，再沿中脉剪成两片叶碟，用

2%的琼脂按叶片的正常位置,但不相互接触地黏附在培养皿中,每皿中的 2 片叶碟分别均匀涂布印楝素溶液(1 mg/mL)和对照液,自然晾干,将 2～3 龄桃蚜小心挑入培养皿中央,每皿 16～20 头。实验设 5 次重复,分别于 24 h 和 48 h 时观察记录叶碟上停留的蚜虫数量。

$$选择性忌避率(\%) = \frac{对照组的蚜虫居留量 - 处理组的蚜虫居留量}{对照组的蚜虫居留量 + 处理组的蚜虫居留量} \times 100\%$$

五、实验作业

计算出试虫选择性产卵忌避率、非选择性产卵忌避率和选择性忌避率,根据实验原理分析实验结果及其影响因素。

六、知识要点

1.核心知识:能够区分选择性产卵忌避和非选择性产卵忌避的原理和操作方法。

2.拓展知识:对原始数据进行统计分析,理解选择性产卵忌避率、非选择性产卵忌避率和选择性忌避率的生物学意义。

七、 注意事项

实验开始前,需要进行预习,详细了解忌避活性与拒食活性的概念和判断方法,注意区分忌避活性与拒食活性的区别与联系。

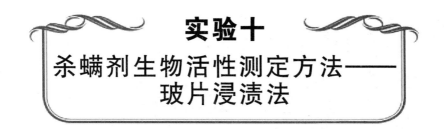

实验十
杀螨剂生物活性测定方法——玻片浸渍法

常规杀螨剂生物活性测定一般是利用药液跟供试生物的全面接触,药剂通过触杀方式进入螨体而起到杀螨活性。玻片浸渍法是联合国粮农组织(FAO)推荐使用的关于螨类生物测定的标准方法,适用于农药登记用杀螨剂室内生物活性测定、螨类抗药性测定、新型杀螨剂创制研究工作等领域。

一、实验目的

1.掌握杀螨剂初筛和毒力实验的生物测定方法。

2.了解实验条件对测定结果的影响,以及如何有效降低相关因素的影响。

二、实验原理

杀螨活性物质测定的基本原理是将待测化合物配制成相应的浓度,均匀地直接喷洒于多种或某种具有一定代表性和经济意义的目标害螨群体或其食料上,然后将目标螨类置于恒定的温度、湿度条件(温度 25 ℃,相对湿度 60%~70%)及通气良好的恢复室内,作用一定时间(通常为 48 h),以充分发挥供试杀螨活性化合物的综合毒力。

三、实验材料和仪器设备

(一)实验材料

朱砂叶螨(*Tetranychus cinnabarinus*)的敏感品系。

（二）供试药剂

240 g/L 螺螨酯悬浮剂等。

（三）实验器具

1.每小组需要的器具

烧杯 6 个，1 mL 移液管 1 根，载玻片若干片，双面胶带 2 卷，零号毛笔 2 支，记号笔 1 支，搪瓷盘 1 个，吸水纸 2 张，薄海绵 1 张，剪刀 1 把等。

2.公用设备

生化培养箱 1 台，电子天平 3 台，双目解剖镜 6 台等。

四、实验方法

（一）准备工作

将双面胶带纸剪成 2 cm 长，贴在常用的载玻片一端（如图 10-1），每个实验小组需要准备 15 片载玻片。

图 10-1　载玻片平台示意图

（二）挑选试虫

选取刚刚转移到新鲜菜豆叶片上的朱砂叶螨成虫（注意：长时间生长在菜豆苗上的朱砂叶螨容易结网，不便挑出，因此实验前 1 天，应将新鲜菜豆苗靠近成虫较多的原培养苗，使成螨主动转移到新鲜苗上，备用），用 0 号毛笔（预先蘸水，使其并为一簇）轻轻挑取，翻转手腕，使挑选的朱砂叶螨背部粘贴在双面胶带纸上，而足等附肢能够自由活动。每一片载玻片上粘上 2 行，共 20 头雌螨

（技术熟练的情况下，每一片载玻片上可以粘 30～60 头雌成螨）。自然条件下放置 30 min 后，用双目解剖镜仔细观察粘在胶带上的螨，用毛笔除去粘在胶带上不规则的螨。如足、腹面、头部等粘在胶带上的，只保留符合实验要求的雌成螨，并记录存活个体数。

（三）配制药剂

1.初筛时药剂配制

在提取物中加 1% 的丙酮或乙酸乙酯(V/W)、2% 的吐温 80(W/W)，兑水稀释成提取物的 200 倍液，并设清水＋1% 的丙酮或乙酸乙酯(V/W)＋2% 的吐温 80(W/W)以及清水两组对照。

2.精确毒力实验药剂配制

根据初筛时的药液反应程度，加 1% 的丙酮或乙酸乙酯(V/W)、2% 的吐温 80(W/W)，兑水稀释成系列浓度（如 200 倍、400 倍、800 倍、1600 倍和 3200 倍）。

(1)浸药用水将实验药剂配制成 5 个系列浓度，分别置于 5 个小烧杯中(100 mL)，手持载玻片无螨的一端，将粘有螨的一端置于药液中浸泡 5 s，取出后，用吸水纸(由滤纸片剪成 1 cm×3 cm 的滤纸条)轻轻吸去多余的药液(注意：吸取多余药液时，不要碰到供试的螨)，每个处理 3 个重复。

(2)取一小型白瓷盘，盘底铺 2.0 cm 厚的海绵，在上面铺一块略小一点的蓝布，再铺一层塑料薄膜，然后加蒸馏水至蓝布润湿为止。将粘有螨的载玻片平放在盘中，置于 25 ℃、相对湿度 85% 左右的温室中，经 48 h 后检查死亡率。

五、实验作业

处理 48 h 后检查死亡数，用毛笔尖端轻轻触动螨足，以不动者为死亡。计算死亡率和校正死亡率，并求毒力回归方程和 LC_{50} 值。撰写实验报告，并对实验结果进行讨论分析。

六、 知识要点

1.核心知识:挑出的玻片达到生物测定的基本要求。

2.拓展知识:能够正确分辨朱砂叶螨雌成螨、雄成螨和雌若螨。

七、注意事项

1.使用 0 号毛笔之前需要蘸水,并在滤纸上擦拭使其并为一簇。

2.粘螨时切记动作要轻柔,避免误伤螨体。

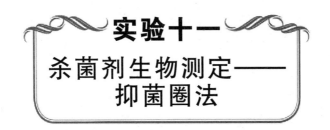

实验十一
杀菌剂生物测定——抑菌圈法

抑菌圈法是衡量杀菌防霉剂效果的一种方式,主要用于测定杀菌防霉剂对细菌、霉菌、酵母菌的抑菌作用,是定性或半定量的方法。通过杀菌防霉剂在琼脂平板上的扩散能力来初步筛选更有效的杀菌防霉剂品种。

一、实验目的

1.掌握杀菌剂的生物测定方法——抑菌圈法的操作方法。

2.了解抑菌圈法的生物统计方法。

二、实验原理

水平扩散法。在已经接种供试菌的琼脂培养基(通常在培养皿内)表面,利用各种方法使药剂和培养基接触,室温培养一定时间后,由于药剂的渗透扩散作用,施药部位周围的病菌被杀死或生长受到抑制,从而产生了抑菌圈。在一定范围内,抑菌圈直径的平方或面积与药剂浓度的对数呈直线函数关系,从而比较供试样品杀菌活性大小。该方法最大的优点是精确度高,操作简单,能较快得出结果。但测定结果受药剂溶解性和扩散能力影响很大,具有一定局限性。根据药剂施加在琼脂培养基表面方式的不同,又分为管碟法(牛津杯法)、滤纸片法、孔碟法、滴下法等,其中以管碟法和滤纸片法应用最广。

三、实验材料和仪器设备

(一)供试药剂

72%的农用硫酸链霉素可溶性粉剂。

（二）供试菌种

青枯雷尔氏菌（*Ralstonia solanacearum*）。

（三）供试培养基

NA 培养基，NB 液体培养基，水洋菜培养基。

（四）实验器具

1.每小组需要的器具

培养皿 8 套，牛津杯 8 个，涂布器 1 把，接种环 1 把，移液枪 1 把，酒精灯 1 台，格尺 1 把等。

2.公用设备

电子天平，生物培养箱，高压灭菌锅，超净工作台，浊度仪等。

四、实验方法

（一）菌液的配制

将青枯雷尔氏菌菌种在 NA 平板上划线，28 ℃下培养 24 h 后，用接种环挑取单菌落，接种至含有 25 mL NB 培养基的 50 mL 三角瓶中，28 ℃下振荡培养 24 h，然后离心收集菌体。用无菌水将收集的菌体稀释至 10^7 cfu/mL 菌悬液备用。

（二）含菌平板的制备

取 20 mL 水洋菜培养基，倒入培养皿中，凝固后作为基层，然后用移液器吸取 100 μL 菌悬液，加入培养皿中，倒入 10 mL 熔化的 NA 培养基（40 ℃左右），轻轻混匀后制成实验平面（菌层）。

（三）药液的配制及处理

按推荐剂量配制药液，然后取 1 个灭菌牛津杯，放于平板中，分别加入

200 μL 配制的药液,重复 2 次,以清水为对照。将培养皿放入 28 ℃培养箱培养,48 h 后测量抑菌圈大小(以"cm"为单位)。

五、实验作业

比较各种药剂处理对青枯雷尔氏菌的抑制作用,结合所学知识进行讨论。

六、 知识要点

1.核心知识:能够制备出满足生物测定要求的带菌培养基。

2.拓展知识:在对实验数据的整理分析中,明确各药剂的效价。

七、注意事项

1.操作过程严格控制无菌环境,避免杂菌污染。

2.注意控制培养基温度(40～50 ℃比较合适),既不影响培养基均匀分布,又不会伤害病原菌。

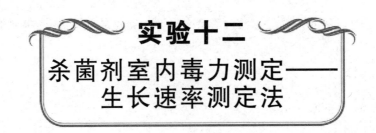

实验十二
杀菌剂室内毒力测定——生长速率测定法

在植物病害的防治中,许多现代选择性杀菌剂通常既对孢子萌发没有抑制作用,也不能将病原菌直接杀死,而是抑制菌体的正常扩展。用于测定这类杀菌剂抑制菌体正常扩展的抗菌活性的方法称为生长速率测定法。这种方法又叫含毒介质法,它是将供试药剂与培养基混合,以培养基上菌落的生长率来衡量化合物的毒力大小。一般多用于那些不产孢子或孢子量少而菌丝较密的真菌。

一、实验目的

1.掌握杀菌剂的生物测定方法——生长速率测定法的操作步骤。

2.了解含毒介质培养法的基本原理。

二、实验原理

将不同浓度的药液和热的培养基混合,用这种带毒培养基培育病菌,以病菌菌丝生长的速率来评价药剂毒力的大小。

三、实验材料和仪器设备

(一)供试药剂

30%的多菌灵 WP,98%的硫酸铜,70%的乙膦铝 WP 等。

(二)供试菌种

玉米小斑病菌(*Helminthosporium maydis*)。

（三）供试培养基

马铃薯、琼脂培养基（PDN）。

（四）实验器具

1.每小组需要的器具

培养皿 8 套,接种环 1 把,移液枪 1 把,酒精灯 1 台,格尺 1 把等。

2.公用设备

电子天平,生物培养箱,高压灭菌锅,超净工作台,浊度仪等。

四、实验方法

（一）实验药剂准备

将 30％的多菌灵 WP 、98％的硫酸铜、70％的乙膦铝 WP 分别按推荐剂量（中量）配制成供试液。

（二）实验菌种准备

实验前,将玉米小斑病菌重新接种活化。实验当天在无菌操作条件下,用直径约为 0.4 cm 的圆形打孔器压制菌饼,待用。

（三）培养基准备

将灭菌后的马铃薯、琼脂培养基重新熔化（培养基分装于三角瓶内,每瓶 28 mL）。吸取一种供试溶液 1 mL,加入培养基内摇匀,分别迅速倒入 2 个培养皿内,做好标记,冷却备用。

（四）实验处理

在无菌操作台上,用接种针移入一小块玉米小斑病菌菌块,每种药剂处理 2 皿,同法以灭菌水处理为对照。将处理后的培养皿倒置放入 26 ℃温室,4 d 后用十字法量取菌落直径。

五、实验作业

计算不同药剂对玉米小斑病菌的抑制率,结合课程中所学知识进行讨论。

六、 知识要点

1.核心知识:(1)制备载毒培养基法的操作流程,掌握厚薄均匀和营养均衡的培养基制备方法,控制恰当的接种温度;(2)十字法量取菌落直径的方法。

2.拓展知识:通过本实验,结合相应的影响因素,分析菌落不规则的原因。

七、注意事项

1.操作过程严格控制无菌环境,避免杂菌污染。

2.注意控制培养基温度(40～50 ℃比较合适),既要保证培养基均匀分布,又不会烫伤病原菌。

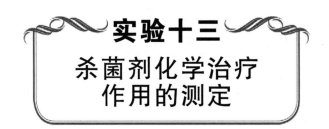

实验十三 杀菌剂化学治疗作用的测定

具有化学治疗作用的药剂也叫内吸杀菌剂。此类药种类多,具有内吸、传导的特点,渗入叶片表皮后能输导到同一叶片的其他部位,有的能向顶输导,少数可以向根部输导。多菌灵、三唑酮都是这类杀菌剂。内吸剂的施用时间没有保护剂那样严格,可以在发病最初时期施用,此时能够抑制植物体内菌丝的生长、蔓延,甚至可以直接杀死病菌。但如果发病已较重,可能已造成一定损失。故不要误解为有内吸治疗作用的药剂是灵丹妙药,包治百病,这类药的使用也需要把握适当的时机。

一、实验目的

1.掌握杀菌剂治疗作用的测定方法及基本技术。
2.熟悉杀菌剂治疗作用的基本原理。

二、实验原理

本实验是利用病菌在活体植物组织上对药剂的反应来测定药剂的毒力。

三、实验材料和仪器设备

（一）供试药剂

80％的多菌灵 WP,20％的三环唑 WP。

（二）供试病原菌

水稻稻瘟病菌(*Pyricularia oryzae*)。

（三）供试水稻

籼优 63（易感品种）。

（四）实验器具

电子天平,喷雾器械,人工气候箱或光照保湿箱,生物培养箱,培养皿,接种器,移液管或移液器等。

四、实验方法

（一）植株培养

取直径 7 cm 左右的塑料钵,每钵播种感病稻种 10 粒,待稻苗长至三叶期即可使用。

（二）病原菌分生孢子的培养

将水稻稻瘟病菌接种于 PDA 培养基上生长,然后转移到含稻草汁蔗糖培养基的大试管斜面内,28 ℃条件下培养 10 d,然后在黑光灯下诱导孢子产生,5 d 后用灭菌水洗下孢子,配制成孢子悬浮液（$10^4 \sim 10^5$ 个/mL）待用。

（三）人工接种和药剂处理

取 20 盆长势一致的稻苗,其中 10 盆喷菌液接种,喷至叶面有明显菌液水珠即可。置于保湿罩下黑暗保湿 24 h 后,再每 2 盆分别喷水和各药液处理（推荐剂量为中量）,进行药剂治疗实验。

五、实验作业

1.药剂处理后逐日观察接菌秧苗的发病情况,当对照发病后,即开始记载各处理的发病情况,并计算发病率和病情指数。病情可分 5 d 和 10 d 两次记载。

2.稻瘟病病情分级标准及计算方法。

表 13-1　苗瘟分级标准

分级	特征
0 级	无病
1 级	病斑 5 个以下
3 级	病斑 5～20 个
5 级	全株发病或部分叶片枯死

注:苗瘟以株为单位分级

表 13-2　叶瘟分级标准

分级	特征
0 级	无病
1 级	病片病斑少于 5 个,长度小于 1 cm
3 级	病片病斑 6～10 个,部分病斑长度大于 1 cm
5 级	病片病斑 11～25 个,部分病斑连成片,占叶面积的 10%～25%
7 级	病片病斑 26 个以上,病斑连成片,占叶面积的 26%～50%
9 级	病斑连成片,占叶面积的 50%以上或全叶枯死

注:叶瘟以叶片为单位,共分 6 级

3.计算方法。

$$病情指数(\%)=\frac{\Sigma\ 病级叶片数×该病级数}{检查总叶片数×最高病级数}×100\%$$

$$防治效果(\%)=\frac{对照病情指数-处理病情指数}{对照病情指数}×100\%$$

六、 知识要点

1.核心知识:(1)制备出合格的分生孢子悬浮液;(2)能够准确配制供试药剂推荐剂量(中量)的药液。

2.拓展知识:在调查及实验数据的整理分析过程中,明确各药剂的治疗作用。

七、注意事项

一般情况下,内吸剂的杀菌谱不如保护剂广,且容易导致病菌产生抗药性,故应用时更要注意合理选择药剂。

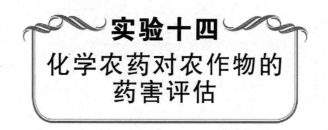

实验十四
化学农药对农作物的药害评估

随着各种化学农药在农业生产上的广泛应用,它们对农作物本身的影响也逐渐引起重视。化学农药在使用过程中稍不注意就会因为使用不当而对农作物产生药害。农药对植物的药害可分为急性药害与慢性药害两种。急性药害在喷药后几小时至数日内即可出现异常,如在幼芽、叶片、嫩枝、果实等部位出现斑点、黄化、枯萎等,直至落叶、落果等。当药害发生时,农作物轻则减产,重则绝收,严重影响其生长发育。因此,了解如何正确地使用农药,如何正确把握农药的使用剂量等极其重要,这样才能够有效避免农药对农作物的危害。

一、实验目的

1.掌握几种常见农药品种在使用过程中的药害问题,明确药剂的剂量效应,理解正确使用农药的重要性。

2.熟悉可能出现药害的影响因素,并能够列出降低药害的具体措施。

3.了解不同农药因其毒性机理的差异对植物的不同毒性效应表现。

二、实验原理

采用不同浓度的化学农药处理作物植株后,观察几种不同作用的化学农药(杀虫剂、除草剂和杀菌剂)对作物的药害作用,通过测定植株的根长和茎长等生长指标来评估 3 种化学农药的药害。

三、实验材料和仪器设备

(一)供试药剂

2.5%的敌杀死乳油(杀虫剂),推荐使用剂量 20 mL/亩;50%的多菌灵可湿性粉剂（杀菌剂），推荐使用剂量 100 g/亩；13％的二甲四氯钠盐水剂（除草剂），推荐使用剂量 350 mL/亩。

（二）供试作物

发芽后长出 3～5 片叶的豇豆苗和小麦苗。

（三）实验器具

1.每小组需要的器具

50 mL 烧杯 2 个，玻璃棒 1 根，移液枪（100～1000 μL）及枪头 1 套，1000 mL 量筒 1 只，1 L 容积的手持式喷雾器 1 个，镊子 1 个，直尺 1 把，标签纸 1 卷等。

2.公用设备

电子天平，光照培养箱等。

四、实验步骤

（一）供试作物的准备

豇豆和小麦种子在 0.2％的次氯酸钠中浸泡 10 min，然后用蒸馏水冲洗数次，播种在事先装填了蛭石的苗钵内，每钵播种 10～15 粒，待其发芽，长出 3～5 片真叶，备用。待作物长出叶片后，以小组为单位按照随后的处理药剂标记豇豆苗和小麦苗，按照每种药剂的每个浓度处理 2 钵作物，清水处理 1 钵作物计算，共 13 钵，依据以下的药剂处理浓度，对供试作物做好标记备用。

（二）实验药剂的配制与处理

1.将 3 种药剂按照推荐使用剂量的 1 倍和 2 倍当量分别用蒸馏水配制成药液（每种药液 0.5 L），并做好标记。

2.用喷雾器将配制好的药液分别喷洒至作物叶面，以清水作为空白对照。将处理完毕的小麦苗置于 25 ℃光照培养箱中培养。（注意：药液的配制可以多组联合操作，但是配制药液计算过程必须由每个小组单独进行）

3.7 d 后观察作物植株的形态变化，并记录。

五、实验作业

观察并记录各药剂处理对小麦苗产生的症状,记录供试作物在叶片和植株形态方面的变化、称量植株的鲜重。结合理论知识,分析农药的种类和剂量与作物药害之间的关系,从科学用药的角度,进一步阐释在实际生产中有关农药选用方面的注意事项。

六、知识要点

1.核心知识:(1)能够正确描述作物产生药害的症状;(2)清楚农药种类(杀虫剂、杀菌剂和除草剂)以及剂量与药害之间的关系。

2.拓展知识:从药害的角度合理阐述药剂的科学使用方法。

七、 注意事项

在使用手持式喷雾器喷药时,注意调整喷雾器喷嘴方向,保证药剂垂直喷洒在作物的叶片表面,从而保证药效。在称量供试作物的鲜重时,须将作物从培养钵中轻轻拔起,并用流水将其根部冲洗干净,然后将多余的水擦拭干净,注意不要伤及根部。

实验十五
除草剂的选择作用

除草剂是指可使杂草彻底地或选择性地发生枯死的药剂,用以消灭或抑制杂草生长。除草剂是农业生产中常用的农药,随着化学工业的发展,应用于农田的新型除草剂越来越多。不同除草剂的作用方式是多种多样的,主要根据药剂的作用方式、在植株体内的传导性、使用方法等的不同进行分类。为了提高化学除草剂的施用效果,减少其对农作物的危害和环境的污染,了解不同除草剂的作用方式及其作用对象具有重要意义。

一、实验目的

1.掌握除草剂的选择作用原理。

2.了解除草剂的选择毒性及其除草效果。

二、实验原理

采用不同浓度的化学农药处理杂草植株后,分别测定化学农药对作物和杂草的生物作用,通过测定杂草的生长表型和生理指标来评估化学除草剂的药害,观察除草剂的选择作用。

三、实验材料和仪器设备

（一）供试药剂

20％的双草醚可湿性粉剂(推荐使用剂量 20 g/亩),200 g/L 的草铵膦水剂(推荐使用剂量 500 mL/亩)。

（二）供试作物

3～5 叶期的水稻苗和稗草苗。

（三）实验器具

1.每小组需要的器具

50 mL 烧杯 2 个,玻璃棒 1 根,移液枪（100～1000 μL）及枪头 1 套,1000 mL量筒 1 只,1 L 容积的手持式喷雾器 1 个,镊子 1 把,直尺 1 把,标签纸1 卷等。

2.公共设备

电子天平 6 台,生物培养箱 1 个等。

四、实验步骤

（一）供试作物的准备

首先把水稻种子和稗草种子在 0.2％的次氯酸钠中浸泡 10 min,然后用蒸馏水冲洗数次,播种在事先装填了蛭石的苗钵内,每钵播种 10～15 粒,待其发芽,长出 3～5 片真叶,备用。待作物长出叶片后,以小组为单位按照随后的处理药剂标记供试作物。按照每种药剂处理水稻苗和稗草苗各 3 钵,清水对照也各处理 3 钵计算,共计 9 钵水稻苗,9 钵稗草苗。

（二）实验药剂的配制与处理

1.按照推荐使用剂量,将双草醚和草铵膦分别用蒸馏水配成 0.5 L 药液,做好标记。

2.喷药处理时,将每个处理的水稻苗和稗草苗均匀放置在一个瓷盘内,用喷雾器将药剂均匀喷洒至植株叶面。同法以清水处理作为对照。喷药 7 d 后观察实验结果,观察植株形态和色泽的变化,并称量植株质量。（注意:称量植株时,务必保证在处理和对照的苗钵内选取同样株数的植株进行称量）

五、实验作业

根据喷药前后供试作物形态的变化,判断有无药害产生,并定性判断药效。同时根据处理组与对照组植株的鲜重,利用以下公式计算防治效果,比较两种除草剂对水稻苗和稗草苗防治效果的差异,最后结合理论知识分析原因。

$$防治效果(\%) = \frac{对照组植株鲜重(g) - 处理组植株鲜重(g)}{对照组植株鲜重(g)} \times 100\%$$

六、知识要点

核心知识:(1)根据除草剂的推荐使用剂量,正确计算取药量和兑水量;(2)掌握选择性除草剂和非选择性除草剂的区别和联系。

七、注意事项

1.在使用手持式喷雾器喷药时,注意调整喷雾器喷嘴方向,保证药剂垂直喷洒在作物的叶片表面,从而保证药效。

2.称量植株鲜重时,尽量保证处理组和对照组之间的植株数量相等。在植株数量相等时,可以称量植株的总鲜重;如果植株数量不相等,则需计算植株的平均鲜重。

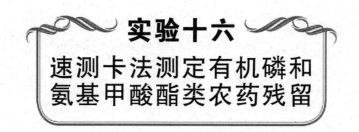

实验十六
速测卡法测定有机磷和
氨基甲酸酯类农药残留

在植物保护的生产实践中,化学防治是防控有害生物的主要手段。然而,由化学防治造成的农药残留对食品安全带来潜在的威胁,因此,检测农药残留成为防范残留农药危害的重要手段。农药残留检测中,短时间内对可能存在的某些残留农药进行快速的定性测定技术,在社会上得到广泛应用。因此,有必要掌握农药残留快速检测技术的基本原理,了解其操作技术。

一、实验目的

1.掌握速测卡法测定有机磷类农药残留的原理。

2.熟悉速测卡法测定农药残留的方法和注意事项。

3.了解农药残留速测技术的最新发展及应用。

二、实验原理

有机磷和氨基甲酸酯类农药能抑制昆虫中枢神经系统中乙酰胆碱酶(专门催化神经传导介质乙酰胆碱的水解反应)的活性,造成神经传导介质乙酰胆碱的积累,影响正常传导,使昆虫中毒致死。速测卡中包埋的胆碱酯酶可催化乙酰胆碱类似物靛酚乙酸酯(红色)水解为乙酸与靛酚(蓝色),有机磷或氨基甲酸酯类农药对胆碱酯酶有抑制作用,阻碍进一步的催化、水解和变色反应,导致无法呈现蓝色。由此可判断出样品中是否有高于检测限剂量的有机磷或氨基甲酸酯类农药的存在。

三、实验材料和仪器设备

（一）供试材料

蔬菜（大白菜或卷心菜）。

（二）供试试剂

1.固化有胆碱酯酶和靛酚乙酸酯试剂的纸片（速测卡）。

2.pH 为 7.5 的缓冲溶液：分别取 3.0 g 十二水磷酸氢二钠（$Na_2HPO_4 \cdot 12H_2O$）与 0.318 g 无水磷酸二氢钾（KH_2PO_4），用 100 mL 蒸馏水溶解。

（三）实验器具

常量天平，恒温箱（37±2 ℃）等。

四、实验方法

（一）整体测定法

1.选取有代表性的蔬菜（大白菜或卷心菜）样品，擦去表面泥土，剪成 1 cm 左右见方的碎片，取 5 g 放入带盖瓶中，加入 10 mL 缓冲溶液，振摇 50 次，静置 2 min 以上。

2.取一片速测卡，除去保护膜，将样品处理液滴加 2～3 滴（70～80 mL）于白色药片上，置于 37 ℃ 恒温箱中 10 min 以上进行预反应，预反应后的药片表面必须保持湿润。

3.将速测卡对折，用手捏 3 min 或用恒温箱恒温保存 3 min，使速测卡自带的红色药片与白色药片叠合发生反应。

4.每批测定应设一个缓冲液的空白对照卡。

（二）表面测定法（粗筛法）

1.擦去蔬菜（大白菜或卷心菜）表面的泥土，滴 2～3 滴缓冲溶液在蔬菜表面,用另一片蔬菜在滴液处轻轻摩擦。

2.取一片速测卡,除去保护膜,将蔬菜上的液滴滴在白色药片上,置于 37 ℃恒温箱中 10 min 以上进行预反应,预反应后的药片表面必须保持湿润。

3.将速测卡对折,用手捏 3 min 或用恒温箱恒温保存 3 min,使速测卡自带的红色药片与白色药片叠合发生反应。

4.每批测定应设置一个缓冲液的空白对照卡。

五、实验作业

观察并记录实验结果,以酶被有机磷或氨基甲酸酯类农药抑制(为阳性)、未抑制(为阴性)表示。与空白对照卡比较,白色药片不变色或略有浅蓝色均为阳性结果。白色药片变为天蓝色或与空白对照卡相同,为阴性结果。观察药片变色情况,定性判断蔬菜中是否含有过量有机磷类或氨基甲酸酯类农药。

六、知识要点

1.核心知识:(1)速测卡法测定有机磷类农药残留的原理;(2)速测卡法测定农药残留的方法和注意事项。

2.拓展知识:农药残留速测技术的最新发展及应用。

七、注意事项

1.当温度低于 37 ℃时,酶的反应速率随之减慢,为保证效果,药品加液后放置反应的时间应相应延长。另外,为保证可比性,应确保样品放置的时间与空白对照卡放置的时间一致。空白对照卡不变色的原因可能是药片表面缓冲液加得少,预反应后的药片表面不够湿润,也可能温度太低,需进行适当的加温。

2.红色药片与白色药片叠合反应的时间以 3 min 为准,3 min 后蓝色会逐渐加深,24 h 后颜色会逐渐褪去。

3.速测卡技术指标:灵敏度指标速测卡对部分农药的检出限(如表 16-1)。

表 16-1　速测卡对部分农药的检出限(mg/kg)

农药名称	检出限	农药名称	检出限	农药名称	检出限
甲胺磷	1.7	乙酰甲胺磷	3.5	甲萘威	2.5
对硫磷	1.7	敌敌畏	0.3	好年冬	1.0
水胺硫磷	-	敌百虫	0.3	呋喃丹	0.5
马拉硫磷	2.0	乐果	1.3		
氧化乐果	2.3	久效磷	2.5		

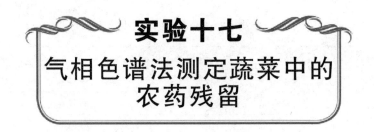

实验十七
气相色谱法测定蔬菜中的农药残留

农药残留的检测包括定性测定和定量测定两种。目前在农产品检测上广泛使用的农药残留快速检测方法属于定性测定方法，在定量方面该法只是通过与检测限进行比较来做简单的判断，而无法知道残留农药的确切含量。在残留农药的定性及含量的准确测定方面，通常采用色谱分析法，包括气相色谱法、液相色谱法以及色谱-质谱联用法。气相色谱法因其分析速度快、分离效率高、选择性高及灵敏度高的特点，在农药残留的检测工作中具有重要地位。学习气相色谱法测定农药残留的技术，有助于加深理解农药残留检测的定性定量技术，完善知识结构。

一、实验目的

1.掌握气相色谱仪测定农药残留的数据分析和结果判定方法。

2.熟悉气相色谱仪的操作技术和注意事项。

3.了解气相色谱仪的工作原理。

二、实验原理

首先，在样品前处理环节，通过溶剂萃取、浓缩和净化等步骤，获得蔬菜中残留农药的检测样品。其次通过气相色谱仪检测样品中的农药残留量。样品通过气相色谱仪的进样口进入仪器后，以气体形态在色谱柱内随载气流动，在流动过程中样品内各组分在流动相和固定相之间反复分配，因分配系数的差异导致各组分物质相互分离，最终通过色谱仪的检测器进行检测。另外，气相色谱仪对农药残留的定性和定量检测还需要农药标准品，在检测样品之前，通过对标准品的测试获得目标化合物特定的保留时间以及在后续定量测定过程中所需的标准曲线(外标法)。

三、实验材料和仪器设备

（一）供试材料

施用过高效氯氰菊酯的甘蓝样品。

（二）供试试剂

高效氯氰菊酯标准品,乙腈,氯化钠(事先 60 ℃烘干 4 h),正己烷,丙酮等。

（三）实验器具

安捷伦 7890A 气相色谱仪,电子天平,组织捣碎机,氮吹仪,旋转蒸发仪,超声波清洗机,弗罗里硅固相萃取小柱,滤纸及常用玻璃器皿等。

四、实验步骤

（一）高效氯氰菊酯保留时间的确定及标准曲线的制作

将高效氯氰菊酯标准品溶解于正己烷中,并配制成系列梯度浓度溶液,浓度包括 1 ng/mL,10 ng/mL,50 ng/mL,100 ng/mL,200 ng/mL 和 500 ng/mL,溶液体积均为 1 mL。配制好溶液后,依次进行色谱检测。检测条件为:不分流进样,进样量 1 mL,进样口温度 250 ℃,检测器(ECD)温度 300 ℃,色谱柱 HP-1MS(30 m×0.32 mm×0.25 μm)。升温条件:初始温度 150 ℃保留 2 min 后,以 8 ℃/min 的速度升至 280 ℃,保留 5 min。载气为高纯氮气(99.999%),流速 10 mL/min。检测完毕后,记录高效氯氰菊酯的保留时间(出峰时间),同时以浓度为自变量,峰面积为因变量,拟合方程,制作标准曲线(要求 $R^2 > 0.99$)。

（二）样品的制备及检测

准确称取 10.0 g 样品放入烧杯中,加入 50.0 mL 乙腈,浸泡后超声提取 30 min,然后过滤,滤液收集到装有 5～7 g 氯化钠的 100 mL 的锥形瓶中,将提取液转入圆底烧瓶中,放入旋转蒸发仪装置中将其蒸干,加入 2.0 mL 正己烷溶解。将弗罗里硅固相萃取小柱用 5 mL 淋洗液（$V_{丙酮}:V_{正己烷}=1:9$），5 mL 正己烷活化，弃去流出液。加入样品提取液，待样液完全流出后，再分 3 次加入 15 mL 淋洗液洗脱，收集洗脱液，氮吹至近干，加入 2.0 mL 正己烷溶解，再过 0.2 μm 有机相滤头，上机待测。每个样品测试 3 次。

五、实验作业

1.定性分析：以样品色谱峰的保留时间定性，当潜在目标物的色谱峰保留时间与标准品一致（±0.05 min），则可以判断样品中存在高效氯氰菊酯。

2.定量分析：以测试样品中目标物质峰的峰面积平均值作为因变量 y，代入标准曲线方程，求出自变量 x 值，该值即为上机样品（1 mL）中高效氯氰菊酯药剂的浓度（单位为"ng/mL"或"μg/mL"），由此进一步计算出 10 g 甘蓝样品中的高效氯氰菊酯残留量（mg/kg），对比国家标准食品中农药最大残留限量（GB 2763-2014）中对甘蓝中高效氯氰菊酯最大残留限量（5.0 mg/kg）的规定，判断样品中药剂残留量是否超标。

六、知识要点

1.核心知识：(1)气相色谱仪测定农药残留的数据分析和结果判定方法；(2)气相色谱仪的操作技术和注意事项。

2.相关知识：气相色谱仪的工作原理。

七、注意事项

1.标准溶液配制过程中的称量等工作一定要保证精确，否则会影响检测结果的分析判断。

2.弗罗里硅固相萃取小柱过柱时，务必使小柱填料始终被试剂或样品溶液浸润，避免暴露于空气中，否则会影响目标组分的洗脱回收。

3.气相色谱仪的使用务必遵循仪器的操作说明。

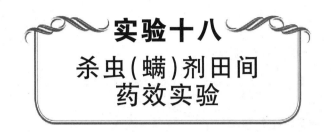

实验十八
杀虫(螨)剂田间药效实验

　　杀虫(螨)剂田间药效实验是评价药剂生物活性的重要手段,也是杀虫(螨)剂登记管理工作的重要内容。田间药效实验由于其重要性,同时也由于其需要在农业生产的自然条件下进行,容易受到多种因素的影响,为了获得科学可靠的数据,需要遵循专门的规范开展实验。一般情况下,杀虫(螨)剂田间药效实验按照国家标准"农药田间药效实验准则"的要求,设计实验方案,制订实验步骤,开展实验并评价杀虫(螨)活性。杀虫(螨)剂田间药效实验对在生产实践中科学合理地使用杀虫(螨)剂具有重要的指导作用。因此,有必要了解其操作流程、结果分析及注意事项等,从而强化对植物化学保护学理论知识的理解和掌握。

一、实验目的

　　1.掌握杀虫(螨)剂田间药效实验的实验设计、数据调查及药效统计方法。
　　2.熟悉杀虫(螨)剂田间药效实验的具体操作过程,包括地块选择、药剂施用以及注意事项等。
　　3.了解其他国家和地区开展杀虫(螨)剂田间药效实验的流程。

二、实验原理

　　杀虫(螨)剂通过接触或被取食进入害虫或害螨体内后,能够导致害虫(螨)中毒甚至死亡。当害虫(螨)在农作物或果树上发生为害时,在农田或果园中施用药剂,能够起到毒杀害虫(螨)的效果,施药后一段时间,通过抽样调查,比较药剂施用前后害虫(螨)的种群数量,就能够评价药剂的防治效果。

三、实验材料和仪器设备

（一）供试材料

柑橘园（具有一定代表性）。

（二）供试药剂

20％的丁氟螨酯悬浮剂，5％的阿维菌素乳油作为对照药剂。

（三）实验器具

背负式手动喷雾器，卷尺，移液管，量筒，烧杯，计数器，手持放大镜等。

四、实验步骤

（一）实验用地及实验时期

选择具有代表性的柑橘园，不宜选用新果园、苗圃及大果树。柑橘园的栽培条件（土壤类型、肥料、耕作、株行距）须均匀一致。实验应在晴朗天气下进行，避免大风大雨等恶劣天气。

（二）田间实验设计

实验处理数按照丁氟螨酯 3 个处理（1000 倍、1500 倍和 2000 倍），阿维菌素 1 个处理（4000 倍），清水对照 1 个处理，每个处理设置 4 个重复小区计算，共需 20 个小区。每个小区 3 棵树，所有小区随机排列。

（三）药剂施用

按照设计的药剂浓度配制药液，喷药时应保证柑橘树的各个方向都均匀受药，药量以叶片被药液均匀润湿为准。

（四）螨量调查

施药前调查螨口基数,每小区的每棵树按东、西、南、北、中各调查5～10片树叶上的活动态螨数,并说明所取叶片的类型。调查时可用手持放大镜检查叶片正面和背面,记录活动态螨数量。螨量太少时不宜进行实验,一般情况下,夏季用杀螨剂,宜选择分布均匀、螨口密集并且螨量不断增加的时期;春季用杀螨剂,螨口基数平均不低于每片叶2～4头活动态螨;秋季用杀螨剂,螨口基数平均不低于每片叶6～8头活动态螨。施药后24 h按照相同方法调查螨量。

五、实验作业

1.按照以下公式计算虫口减退率和药剂处理的防治效果。

$$虫口减退率(\%)=\frac{施药前活螨数-施药后活螨数}{施药前活螨数}\times100\%$$

$$防治效果(\%)=\frac{药剂处理区螨口减退率-对照区螨口减退率}{1-对照区螨口减退率}\times100\%$$

2.采用邓肯新复极差法对实验数据进行统计分析,计算各个处理的防治效果,并比较各处理之间防治效果的差异。将实验数据记入下表,撰写实验报告,结合理论知识,展开分析讨论。

表18-1 杀螨剂田间药效实验结果

药剂处理	浓度	施药前螨量（头）	施药后螨量（头）	虫口减退率（%）	防治效果（%）
20%的丁氟螨酯悬浮剂	1000 倍				
	1500 倍				
	2000 倍				
5%的阿维菌素乳油	4000 倍				
清水对照	—				

六、 知识要点

1.核心知识:(1)杀虫(螨)剂田间药效实验的实验设计、数据调查及药效统计方法;(2)杀虫(螨)剂田间药效实验的具体操作过程,包括地块选择、药剂施用以及注意事项等。

2.拓展知识:其他国家和地区开展杀虫(螨)剂田间药效实验的流程。

七、 注意事项

1.实验期间须保证橘园内没有其他杀螨剂施用,以免影响防治效果。

2. 实验小区应树立警示牌,防止人为干扰,也避免引起中毒事件。

3.在配制药剂和施药操作时,应穿戴保护服和口罩,防止中毒。

实验十九
杀菌剂田间药效实验

　　杀菌剂田间药效实验是具体解决生产中出现的实际问题,为病害学防治提供新药剂剂型及合理使用方法的过程,因此,田间实验应在深入调查研究和室内实验的基础上进行,应具有针对性、典型性和科学性。一般情况下,杀菌剂田间药效实验按照国家标准"农药田间药效实验准则"的要求,设计实验方案,制订实验步骤,开展实验并评价杀菌活性。杀菌剂田间药效实验对在生产实践中科学合理地使用杀菌剂具有重要的指导作用,因此,有必要了解其操作流程、结果分析及注意事项等,从而强化对植物化学保护学理论知识的理解和掌握。

一、实验目的

　　1.掌握杀菌剂田间药效实验的设计、实施、效果调查及药效实验报告的撰写。
　　2.掌握撰写田间药效实验报告的标准格式。
　　3.了解杀菌剂田间药效实验的影响因素。

二、实验原理

　　杀菌剂药效实验的实验地选择,除了要考虑地势、土壤肥力、栽培、管理诸因素外,尤应注意对象病害的分布均匀一致性。实验地最好是自然发病的,若不易找到,则应考虑进行人工诱发或人工接种。实验地发病应比较严重且病情一致,因为发病较轻,不易看出不同药剂或使用方法间的差别,对叶面喷雾(粉)用杀菌剂而言,以对照区发病30%～60%以上较为理想。但也有例外,假若供试药剂的效果并不是太好,且我们的目的是使其在综合防治中起一种辅助作用,则应选轻病田实验。种子消毒剂应在无病田进行,以避免土壤带菌的干扰。实验地发病应均匀一致,对气流传播的病害,应注意菌原的方位、距离及风向的影响。对土壤内植物残体或土壤带菌的病害应要求前茬作物一致,栽培措施相同,地面平坦,无沟、埂、塞、坑分布。

实验品种一般应选择感病品种,使田间发病较重,适于实验处理间的比较,但若供试药剂效果不太好,也可选耐病品种供试,以利比较。

三、实验材料和仪器设备

(一)供试材料

水稻田(具有一定代表性)。

(二)供试药剂

30%的嘧菌酯悬浮剂,40%的稻瘟灵可湿性粉剂作对照药剂。

(三)实验器具

背负式手动喷雾器,卷尺,移液管,量筒,烧杯,计数器,手持放大镜等。

四、实验步骤

(一)实验用地及实验时期

选择具有代表性的水稻田,稻瘟发病株率在 25%~40%。水稻田的栽培条件(土壤类型、肥料、耕作、株行距)须均匀一致。实验应在晴朗天气下进行,避免大风大雨等恶劣天气。

(二)田间实验设计

该实验共设计 5 个处理:A. 30%的嘧菌酯悬浮剂 375 g/hm² (制剂量);B. 30%的嘧菌酯悬浮剂 525 g/hm²(制剂量);C. 30%的嘧菌酯悬浮剂 675 g/hm²(制剂量);D. 40%的稻瘟灵可湿性粉剂 1500 g/hm²(制剂量);E.清水对照。随机区组排列,每个处理重复 4 次,处理间有间隔,周围设有保护行。

(三)药剂施用

按照设计的药剂浓度配制药液,喷药时应保证水稻植株的各个方向都均匀受药,药量以叶片被药液均匀润湿为准。

（四）防治效果调查

共分 2 次调查,施药前调查病情基数,最后 1 次施药 7 d 后进行药效调查。每小区随机取 5 点调查,每点取 50 株,每株调查旗叶及旗叶以下 1 片叶。叶瘟分级标准如表 19-1。

表 19-1　叶瘟分级标准

分级	判断标准
0 级	无病
1 级	病片病斑少于 5 个,长度小于 1 cm
3 级	病片病斑 6～10 个,部分病斑长度大于 1 cm
5 级	病片病斑 11～25 个,部分病斑连成片,占叶面积的 10％～25％
7 级	病片病斑 26 个以上,病斑连成片,占叶面积的 26％～50％
9 级	病斑连成片,占叶面积的 50％以上或全叶枯死

五、实验作业

1.请按以下公式计算病情指数和防治效果,并填入表 19-2。

$$病情指数 = \Sigma \frac{各级病叶数 \times 相对级数值}{调查总数 \times 最高级数值}$$

$$防治效果(％) = (1 - \frac{处理组平均病情指数}{对照组平均病情指数}) \times 100％$$

表 19-2　杀菌剂田间药效实验结果

药剂处理	施药量（制剂量）	施药前病斑数（个）	施药后病斑数（个）	病情指数	防治效果（％）
30％的嘧菌酯悬浮剂	375 g/hm²				
	525 g/hm²				
	675 g/hm²				
40％的稻瘟灵可湿性粉剂	1500 g/hm²				
清水对照	—				

2.实验过程中注意观察有没有药害的发生,药害发生的症状和程度,药剂对后期农产品的品质有什么影响。

六、 知识要点

1.核心知识:正确地按照药剂处理进行田间实验设计。
2.相关知识:能够正确配制一定浓度的药液。

七、 注意事项

1.喷粉及喷雾时,常发生邻区之间药粉或药液飞散的干扰,为避免此种误差,在喷药时应用塑料布将喷药小区与邻区隔离,小区面积大不便隔离时,可在处理之间、重复之间种植隔离行(区),或采用不调查小区周边几行的做法。

2.喷药前应注意天气情况,不要在降雨或大风前喷药,在转换药剂时喷粉器与喷雾器必须清洗干净,同一药剂要从低浓度向高浓度顺次喷布。同一重复各小区喷药时,一般不应换人,以免造成药量掌握等方面的人为误差。各小区的用药量及喷布质量应一致。

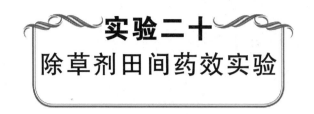

实验二十
除草剂田间药效实验

为了了解和掌握除草剂对田间杂草的防除效果,以及除草剂在田间对杂草防除效果的最佳药剂浓度及其影响因素,进行田间药效实验是非常有意义的,可为农业生产提供科学依据。

一、实验目的

1.掌握除草剂田间实验设计、实验程序和评价药效的方法。

2.掌握田间药效实验报告标准格式。

3.了解除草剂田间药效实验的注意事项。

二、实验原理

除草剂田间药效实验是指在真实的田间复杂环境下(柑橘园),通过一定的实验设计,检测除草剂对田间杂草的防治效果。

三、实验材料和仪器设备

(一)供试药剂

10%的草甘膦水剂。

(二)实验场地

选择长势一致,种植密度较高的柑橘园,其土壤 pH、肥力等均匀一致。

(三)实验对象

杂草种群。

（四）实验器具

天平,烧杯,水桶,背负式手动喷雾器等。

四、实验步骤

（一）实验设计方案

将 10% 的草甘膦配制成高、中、低 3 种浓度（以有效成分计算）的除草剂,分别为 2250 g/hm²、1500 g/hm²、975 g/hm²,同时设置空白对照（清水处理）。实验共设置 4 个处理,每个处理 3 次重复,共 12 个片区,每个片区面积 20～30 m²,每小区每行 3～5 棵树,每个片区之间需设置 50～60 cm 的隔离带,实验采取随机方法排列片区。

（二）施药方法

施药应选择晴天、无风天气,且确保用药后 24 h 内不遇到降水,以保证除草剂药效。当杂草生长至 3～6 叶期,采用背负式手动喷雾器（操作压力 0.3～0.4 MPa,喷孔口径为 0.88 mm）施药,施用药液用量为 675 L/hm²,对片区内果树行间的杂草进行均匀的叶面喷施,喷施时尽量避免药剂喷洒到柑橘叶片上。记录施药的日期和具体时间,以及喷药前杂草和果树的生长状况。

（三）调查方法

调查每个处理对杂草的影响,详细描述杂草的伤害症状,如失绿、萎蔫、畸形等,进一步分析除草剂可能的作用方式。

实验采用绝对值法调查。每个片区随机选取 4 个点取样,每个样点面积为 0.16 m²,分别记录施药前 4 个取样点的杂草种群数量,比如杂草种类、株数、覆盖度和质量。在施药后 5 d,10 d,20 d 和 30 d 调查以上各种杂草基数,30 d 后称量每个片区杂草地上部分鲜物质质量。记录数据并利用邓肯新复极差法对数据进行统计分析,根据下列公式计算防治效果。

$$防治效果（\%）=\frac{对照区杂草鲜重－处理区杂草鲜重}{对照区杂草鲜重}\times100\%$$

（四）果树调查

观察除草剂对柑橘果树是否有药害行为,准确描述果树药害的症状(生长抑制、褪绿、畸形等),详细记录药害的类型和程度,按药害分级的方法给每个小区药害定级打分。

表 20-1　果树药害定级标准

分级	特征
1 级	果树生长正常,无任何受害症状
2 级	果树轻微药害,发生药害植株少于 10%
3 级	果树中等药害,以后能恢复,不影响产量
4 级	果树药害较重,难以恢复,造成减产
5 级	果树药害较重,难以恢复,造成明显减产或绝产

五、实验作业

实验过程中注意观察除草剂对果园内其他作物的影响,尤其需要关注是否有药害发生。如果发生,分析可能的原因及治理对策。

六、 知识要点

1.核心知识:掌握除草剂田间药效实验的实验设计和报告撰写。

2.拓展知识:分析除草剂田间药效实验的主要因素。

七、注意事项

1.由于田间环境复杂,实验处理过程中会因为外界客观因素影响实验结果,因此在设置片区时,尽量选择杂草分布和长势均匀的地方,以便减少处理之间的实验误差。

2.实验尽量保证除草剂均匀分布到整个小区,或使药液准确定向到应该受药的地方。

植物化学保护学

实习

ZHIWU HUAXUE BAOHUXUE SHIXI

植物化学保护学课程实习方案

　　植物化学保护学是实践性很强的应用学科,"植物化学保护学实验"课程跟随理论课的教学进度,通过设置一系列的室内实验和田间实验,使学生巩固和强化植物化学保护工作涉及的各项理论知识和实验技能。然而,考虑到在农事操作过程中的植物化学保护工作是在自然条件下进行的,容易受到土壤、水肥条件及气候等自然条件的影响,因此要求操作者不仅要对理论知识深刻掌握,而且还要能够灵活运用实践技能。考虑到实验课程的大部分内容均在室内进行,并且受教学课时和场地等因素的限制,无法完全达到植物化学保护实验学的教学目的。因此,有必要开展生产实习,在相对广阔的空间和较长的时间内开展教学实习,促进学生实践技能的提升,完善和提高教学效果。

一、实习目的

　　通过在生产条件下的全程参与,系统、全面地了解植物化学保护工作的原理内容、操作方法、效果评估及注意事项等。

二、实习涉及实验的实验原理

　　在病虫草害发生期间,调查了解实习基地内农作物上有害生物的发生为害情况,确定病、虫、草各 1 种作为潜在的防治对象;通过人工调查、诱捕器诱捕及植保无人机监测的方式,掌握有害生物的发生动态;根据田间实际情况,进行田间小区设计,筛选确定有效的化学防治药剂;计算有害生物在相关作物上的经济阈值,当有害生物的实际发生情况临近经济阈值时,根据天气情况,通过人工和植保无人机的形式,适时施药。最后比较施药前后有害生物的发生情况,评价防治效果,得出结论并做出评价。

三、实习步骤

1.靶标生物的确定及其为害状况调查（以人工调查为主，展示性诱剂、诱虫灯及无人机监测方式）。

2.计算靶标生物为害的经济阈值（考虑作物经济价值，靶标有害生物防治药剂、人工费用）。

3.按照随机区组原则，进行田间实验小区设计，合理设置保护行。

4.确定施药方案并进行施药。详细步骤参照本书前述的田间药效实验章节，根据有害生物发生情况，选择杀虫（螨）剂、杀菌剂或除草剂田间药效实验方案（详见本书实验十八、实验十九、实验二十）。

5.调查防治效果并做评价。

四、撰写实习报告

按照"农药田间药效试验报告"的模板撰写报告，提出供试药剂的田间推荐使用剂量。

五、实习考核

1.完成 1 份正式的农药田间药效试验报告，根据相关数据，提出合理的供试药剂田间推荐使用剂量。

2.分析田间实验的影响因素，撰写实习报告，根据自己的理解，阐明各个因素对田间药效的影响大小。

附录　农药田间药效试验报告撰写模板

田间试验批准证书号：＿＿＿＿＿＿＿＿＿

协　议　备　案　号：＿＿＿＿＿＿＿＿＿

试验样品封样编号：＿＿＿＿＿＿＿＿＿

农药田间药效试验报告

（　　　年）

农 药 类 别：

试 验 名 称：

委 托 单 位：

承 担 单 位：

试 验 地 点：

总 负 责 人：

技术负责人 ：

参 加 人 员：

报告完成日期：

地址：

电话：

传真：

邮编：

E-mail：

田间药效试验报告摘要

试验名称：

试验作物：

防治对象：

供试药剂：

	含量	中(英)文名称	剂型	生产单位
试验药剂				
对照药剂				

施药方法及用水量(拌土量)：

试验结果：

药剂处理	有效成分用量 （mg/kg）	第1次施药 后3 d	产量		
			kg/m²	kg/亩	增产 （%）

注：

适宜施药时期和用量：

使用方法：

安全性：

田间药效试验报告

一、试验目的

二、试验条件

（一）试验对象、作物和品种的选择

（二）环境或设施栽培条件

三、试验设计和安排

（一）药剂

1.试验药剂

2.对照药剂

3.药剂用量与编号

表1　供试药剂试验设计

编号	药剂名称	有效成分用量（mg/株）	施药剂量（稀释倍数）
1			
2			
3			
4			
5			
6			

（二）小区安排

1.小区排列

2.小区面积和重复

小区面积：

重复次数：

（三）施药方法

1.使用方法

2.施药器械

3.施药时间和次数

4.使用容量

四、调查、记录和测量方法

（一）气象及土壤资料

1.气象资料

2.土壤资料

（二）调查方法、时间和次数

1.调查时间和方法

2.株高(病情指数)调查

3.产量(质量)调查

五、结果与分析

表 2 结果分析表

药剂处理	有效成分用量 （mg/kg）	千粒重 （g）	产量		
			kg/m²	kg/亩	增产（％）

六、结论

试验人签名：

年　月　日

附表 1 施药当日试验地天气状况(或设施栽培条件)表(年)

施药日期	天气状况	风向	风力 (m/s)	温度 (℃)	相对湿度 (%)	其他气候因素
月 日						
月 日						
月 日						

附表 2 试验期间气象资料表(年)

日期	温度(℃)			其他气象因素			
	平均	最高	最低	夜间天气	白天天气	风向	风力(m/s)
月 日							
月 日							
月 日							
月 日							